第1章　「ステイ」：生活の場としてのみちづくり

◆ゆったり歩ける歩車共存の道路（P. 23）

◆祭りの会場となる道路（P. 31）

◆コミュニティバスによるトランジットモール（P. 27）

第2章　「スロー」：ゆったり歩けるみちづくり

◆ニュータウンの歩行者専用道路（P. 48）

◆車道や歩道と分離して整備された
自転車道（P. 50）

◆車道を狭めて歩道を広げる
（P. 55）

第3章　「フュージョン」：都市空間に溶け込んだみちづくり

◆オフィスビルの中層階を貫通した高速道路（P. 79）

◆壁面後退により歩道とあわせて
広い歩行者空間を確保（P. 72）

◆一階部分の後退による歩行者空間の
確保（P. 50）

第4章 「ローカル」：地域ならではのみちづくり

◆しっとりとした風情の歴史的町並みの通り（P. 95）

◆城をアイストップとしたシンボルロード（P. 107）

◆幅員などを変更して大樹を保存した道路（P. 111）

第5章　「コラボレーション」：協働によるみちづくり

◆自動車の通行を規制して実施されている歩行者天国（P. 127）

◆生徒たちの手によって維持管理されているリンゴ並木（P. 120）

◆小学生の視覚障害体験（P. 130）

第6章　「グロウイング」：ともに成長するみちづくり

◆避難路や延焼遮断帯としての機能を有する道路（P. 138）

◆時とともに成長する道路の緑（P. 151）

◆道路を軸とした魅力ある観光空間づくり（P. 147）

まえがき

現在、我が国は人口減少・少子高齢社会の到来、環境・エネルギー問題の顕在化など、大きな変革期を迎えており、国民の価値観やライフスタイルも、心の豊かさがより求められるようになってきています。「道路」を取りまく環境も大きく変化し、投資効果等を十分に踏まえた道路整備や、既存道路の有効活用も重要な課題となっています。

道路は、国民の誰もが毎日利用する最も身近なものであり、日常生活に欠かせない基本的かつ根幹的な公共施設です。それだけに、利用者はもとより、国民のニーズに的確に対応できるように、道路がもつ様々な機能や空間の活用方法を考えることが求められています。

そこで、(財)道路空間高度化機構では、道路のつくり方、使い方や道路とその周辺の空間の連携のあり方などについて、「道路空間の高度化とは」をキーワードに、学識経験者による研究会を設置し、幅広く検討を行ってまいりましたが、このたび、その成果を一冊の本としてとりまとめることに致しました。

本書が、今後の道づくりの一つの道標となれば、幸いです。

最後になりましたが、本書をとりまとめるにあたり、石田委員長をはじめ、天野委員、岸井委員、谷口委員には、ご多忙中にもかかわらず、多大なるご指導、ご尽力いただいたこと、また研究会でご講演いただきましたゲストスピーカーの皆様や多くの関係機関にご指導、ご協力を賜りましたことに対し、深く感謝申し上げまして、発行にあたっての言葉といたします。

財団法人　道路空間高度化機構　理事長　藤川　寛之

※㈶道路空間高度化機構（http://www.doukuu.or.jp/）は、１９９０年（平成２年）に㈶立体道路推進機構として設立、その後現在の名称に変更。立体道路制度・沿道整備事業制度を活用した良好な道路空間整備、ならびに快適なまちづくりに資する道路空間の有効かつ高度な活用を図るための施策の総合的な調査研究機関として今日に至っています。

はじめに

石田　東生

1　自動車とわれわれの暮らし・都市・地域

わが国の自動車保有台数は急激な増加を続けています。私が生まれた1951年（昭和26年）には我が国の自動車保有台数は約60万台でしたが、2006年（平成18年）には7900万台を越えていて、国民1・6人に1台の割合で自動車が存在していることになります。そして、われわれの生活、都市、地域は自動車の普及にともなって想像以上に変容を遂げています。一例を都市構造と通勤通学時の交通手段の変遷に見ましょう。次頁の表は、国勢調査による1970年（昭和45年）から2000年（平成12年）にかけての東京都23区（大都市）、仙台市（中枢都市）、前橋市（中核都市）、小山市（中心都市）の通勤通学時の交通手段の選択比率と人口集中地区（DID）の人口密度の変化を示したものです。DIDは市街化した区域と考えて差し支えありません。DID内の人口密度は、全国的にも各都市においても低下していることが分かります。日本の都市は一貫して低密度化・郊外化しているのです。交通手段の選択に関しては時とともに自動車を使う人の割合が増加していること、これに好対照をなして、徒歩・自転車やバス、鉄道の分担率が、大きく低下していることが読みとれます。自動車が普及したので徒歩、自転車や公共交通から自動車へ通勤通学の交通手段を変えた人が増えたのです。そしてこの変化は都市規模が小さいほど大きいのです。

自動車保有率上昇の影響は自動車利用の増加という表面的な変化にとどまりません。自動車の効用という観点から急激な自動車増加の理由を考えてみましょう。ある点を中心とした半径4キロメートルの円と半径30キロメートルの同心円を考えてみましょう。時速4キロメートルは平均的な徒歩の速さであり、時速30キロメートルは一般街路を走行する自動車の平均的な速さです。速度の比は1：7・5ですが、円の面積のおおよその比は1：56となります。すなわち、自動車の方が同じ時間内に到達できる範囲が、徒

人口集中地区の人口密度と通勤通学時の交通手段の変遷

	人口集中地区（DID）内人口密度（人/ha）				通勤通学時の交通手段選択比率（%）				
	1970	1980	1990	2000		1970	1980	1990	2000
東京都23区	160.1	150.0	132.1	130.9	鉄道・バス	66.7	65.0	62.3	64.2
					自動車	7.6	9.4	9.6	9.5
					徒歩・自転車	25.7	25.6	28.1	26.3
仙台市	85.5	75.4	68.8	68.8	鉄道・バス	47.3	40.0	30.4	31.3
					自動車	16.6	27.2	36.9	41.1
					徒歩・自転車	36.1	32.8	32.7	27.6
前橋市	71.4	61.7	47.8	45.1	鉄道・バス	27.1	15.3	7.1	9.1
					自動車	25.8	48.3	62.1	68.2
					徒歩・自転車	47.1	36.4	30.8	22.7
小山市	62.8	44.8	39.3	41.3	鉄道・バス	35.4	26.2	17.0	18.6
					自動車	15.1	36.1	51.9	60.0
					徒歩・自転車	49.5	37.7	31.1	21.4
全国	86.9	69.8	66.6	66.5	鉄道・バス	45.2	38.7	29.8	20.5
					自動車	15.0	30.0	40.1	52.8
					徒歩・自転車	39.8	31.3	30.1	26.7

歩に比べると約５６倍大きいことになります。高速道路上を平均時速８０キロメートルで移動する場合には、この比は１：４００にもなります。そして、我々は自動車により拡大した行動範囲から、よりよいスーパーマーケット、レストラン、学校、住宅、病院を自由に選択することができます。日常生活における選択の自由度の向上、享受できるサービスレベルの水準の向上を目指して、圧倒的な自動車のモビリティを活用したいということが自動車保有の実利的な理由ではないでしょうか。また、所得と比較して自動車の価格は大きく低下しました。自動車が必要な人はほとんど購入できる豊かな時代になっています。

そして、自動車の広範な普及は我々の生活だけでなく、都市・地域・社会を大きく変容させました。自動車を下駄がわりに利用できるようになり、住居の選択の自由度が大きく向上したので、公共交通が便利な、あるいは徒歩・自転車で通勤できるような密集市街地に住まざるを得なかったわれわれが、郊外にゆったりとした住居を選択できるようになったのです。郊外型の住宅開発の進展であり、このことは前述したとおり、国勢調査におけるＤＩＤ人口密度の低下に明確に現れています。買い物、レジャー等の目的地も自動車の高いモビリティにより、より広い範囲の中から自由に選択できるようになりました。これが典型的に現れているのが、ロードサイド店の幹線道路やバイパス沿いの多数の立地ですし、これと対をなしているのが、駅前にある中心商業地の衰退という現代都市の大きな課題です。このように自動車は都市構造と形態の変容をもたらし、これが再び自動車依存型の生活をわれわれに強いているともいえます。また、一方でバス交通に典型的に見られるように公共交通は、乗客数の減少とそれにともなう赤字の増加と路線の廃止という悪循環に陥っています。従って、我々は自身の生活の足を確保するために、自動車への依存度を高めざるを得ないのです。これらが相互に関連して自動車保有を増大させ、都市構造やわれわれの生活を変化させているという循環構造が確かに存在します。

そして、ここに現代都市における混雑・環境・交通事故などの交通問題の原因と、解決が難しい理由が存在します。自動車がもたらす恩恵や便利さが大きければ大きいほど、その人の自動車利用は増加するでしょうし、減少させることは難しいのです。

2　「みち」の多様性と多義性

道路空間の高度化や国土交通省道路局にある「道路」ということばを、広辞苑は「一般公衆の交通のために設けた地上の通路」と説明しています。道路の交通機能のみに着目した物理的な存在として捉えられていることがわかります。多分、国民の意識もそういったものでしょう。自動車交通の需要が圧倒的に増加している時には、道路の混雑を解消することや増加する交通事故を減少させることが最大の目的であり、このためには大量の自動車を安全に効率的に快適に安価に通行させることが、道路整備の目的の中で最も重要だと考えることは当然でしょう。このこともあって、道路整備の方向は多くある道路の機能の中で、非常に狭い範囲、すなわち狭義の交通機能、特に自動車に着目した交通機能の充実・強化にとどまっていたといわざるを得ません。道路を単に自動車を通行させるためだけの空間と感じている人が多いことが、広辞苑の先の説明にも反映されていると考えるのは穿ちすぎでしょうか。しかし、道路工学においては、道路の機能はもう少し広く考えられています。交通機能だけでなく、道路は空間としてもいろいろな社会的機能、都市計画的機能、環境的機能を果たしていますし、交通機能に関しても、自動車だけでなく、自転車も人も乳母車も車椅子も安全に、快適に通行できることも重要だと考えられています。さらに、道路沿道との関係も沿道サービス機能として考えられています。実際、最近の道路政策では、人が憩うことや活動することを想定して「たまり空間」として道路を考えようという提言、立ち話や子供の遊びなどの場としてかつての路地が有していた機能を再評価した「社会空間」という考え方、道路と沿道地域が、そしてコミュニティと道路行政が一体になって、道路の持っている地域と地域・人と人をつなぐという機能を活用しながら、美しく元気な地域を育てようという日本風景街道の提言など、道路の機能を広く考えようとする動きもあります。

これらのことは、日本古来の大和ことばである「みち」という言葉に内包されていることをここでは主張したいと思います。「みち」という言葉によって想起されるイメージは大きな広がりを持ちます。このことを考えるために、手元にある角川漢和中辞典を引いてみました。訓で「みち」と読む漢字は20ありました。すべてに触れることはできませんので、いくつかを紹介します。

道：人の往来するところの総称。しかし、字統によれば「首を携えて道を行く意で、おそらく異族の首を携えて外に通ずる道を進むこと」とあります。いずれにせよ人が行進する大きなみちのことでしょう。

路：人や車馬の通る大きな道

径　：こみち。ほそみち
軌　：わだちのみち
衢　：四方に分かれたみちから転じて、ちまた・まちのこと

このように「みち」ということばには、道路という言葉からは想像できない物理的実在としてのみちの広がりがあります。人の歩くみちも、軌道も、あるいはまちそのものも含んでおり、多様な道路のあり方や道路空間の質的な高度化、たまり機能や人へのやさしさという、現代的な道路のあり方を示していると思います。

この他にも、「みち」には
道　：人の行うべきみち。道徳、武士道の道。
途　：みちすじ
倫　：人と人の間の関係、秩序、すじみち
理　：ものごとのすじみちを正しくおさめる、人のふみおこなうべきみち

などの意味もあります。物理的実在としての「みち」だけではなくて、ものごとを進めていくときの基本的態度、プロセス、取り組み方などという意味も有しています。ボランティアサポートプログラムや日本風景街道などコミュニティと一体になった道路整備・地域づくり、パブリックインボルブメントなど新しい参画型・コミュニケーション型の構想段階の道路計画づくりなど、道路行政のあり方を示唆する意味も「みち」という大和ことばは包含しています。交通を専門とする立場からは感慨深いものがあります。

大和ことばのみちは、方向を表すあっち、こっちの「ち」に、接頭辞の「み（御）」がついてできたことばだといわれています。想像を逞しくしますと、漢字が中国から入ってきた際に、漢字の語彙の豊富さに我々

の祖先は圧倒されたのではないでしょうか。そして、それは「みち」に関しても同様であったでしょう。「みち」に関係する漢字の豊富さ、多様さに驚き、多数の漢字にみちを訓として与えていったように思われますが、それは同時に日本語を豊かにする行為でもあったでしょうし、その恩恵を我々は今、受け取っているともいえます。「みち」ということばを大事にしたいと思うのは、私ばかりではないでしょう。

3　道路空間の高度化について

「道路空間の高度化とは何か」をこの2年間、研究会のメンバーと一緒に考えてきました。もう少し具体的にいうと、道路及び道路空間が果たすべき機能として何が求められているか、道路空間の広がりはどのように考えるべきか、従来のような道路用地内に限定した考え方でなく、沿道にも、上空にも範囲を広げて考えた方がよいのではないか、道路の整備や政策のあり方をコミュニティとの関連性において、あるいは時間軸にも配慮した考え方はどうであろうか、などについて、(財)道路空間高度化機構に設置されたみち研究会で議論し、研究してきました。私はここまでに述べてきた意識をもって参加しましたし、他のメンバーから多くの刺激を受け議論の過程で進化した意識もあります。また、この研究会には、多くのゲストスピーカーをお招きし、いろいろな視点から、角度から、従来の道路という枠組みを超えて、自由に議論を行ってきました。2年間の議論の成果がこの本に集約されています。

ゲストスピーカーと講演テーマ（敬称略）　　（所属は講演当時）

講演年月日	講演テーマ	氏名	所属
平成16年 4月6日	道とは何か ー道路空間高度化論のためにー	武部 健一	道路文化研究所　理事長
平成16年 5月11日	道路空間への視点	桑子 敏雄	東京工業大学大学院 社会理工学研究科 価値システム専攻 教授
平成16年 6月8日	街づくりと道路整備	青木 仁	都市基盤整備公団 居住環境整備部・再開発部 次長
平成16年 7月13日	シーニックバイウェイ北海道 について	和泉 晶裕	国土交通省 北海道開発局 建設部 道路計画課 道路調査官
平成16年 9月14日	街のゆとりの再生	北山 孝二郎	株式会社K計画事務所 代表取締役
平成16年 10月12日	生物多様性の保全と外来種問題	鷲谷 いづみ	東京大学大学院 農学生命科学研究科 教授
平成16年 11月9日	モビリティ・マネジメント 〜既存インフラの 『有効利用』を目指して〜	藤井 聡	東京工業大学大学院 理工学研究科 土木工学専攻 助教授
平成17年 2月18日	道路のレベルアップと トイレ整備	小林 純子	有限会社 設計事務所ゴンドラ　代表
平成17年 3月8日	スルッとKANSAI　ICカード PiTaPaの取組みと今後の展開	横江 友則	株式会社スルッとKANSAI 代表取締役専務
平成17年 4月19日	『道路空間の文化化』 〜まちづくりと一体化した みちづくりを！〜	前田 博	京都造形芸術大学 環境デザイン学科　教授
平成17年 9月15日	提言『ITS、セカンドステージへ』 フォローアップ	長谷川 金二	国土交通省 道路局道路交通管理課 ITS推進室長
平成17年 9月27日	交通安全対策を取り巻く状況 について	岡 邦彦	国土交通省 国土技術政策総合研究所 道路空間高度化研究室長

成果については本文を是非お読みいただきたいのですが、私なりに整理すると次の3点に関して、従来からの道路のあり方、道路の機能、道路空間の考え方、道路政策と整備の進め方を大きく広げたことが成果だと考えています。

① 標準自動車主義から多様性主義へ
自動車に偏した機能だけでなく、より多様な、また地域差に応じた道路の機能の追求が必要だという認識

② 道路から道路空間へ
空間としては道路区域に限定することなく、沿道への横方向への広がり、また上空や地下も含めた縦方向への広がりを意識した取り組みが重要だという認識

③ 公物から共物へ
従来、道路は行政庁が管理する公物として認識されてきましたが、地域コミュニティ、住民や企業が行政官庁と一体になって、いろいろな問題意識を共有しながら、長い時間の中で、地域と都市とともに成長するものであろうという認識

本書では、これらの考え方が解説されるとともに、実施例が全国から世界から集められ、系統的に整理されています。読者の皆さんの地域の、都市の、そして地区のよりよい姿、そしてそこでの生活や活動の質的充実に向けて、道路の整備や既存ストックの活用は今後ますます重要になってくると思います。本書が、皆さんのそのような活動を支えることができれば望外の喜びです。

目次

CONTENTS

序論

1 「道路」の機能と役割

岸井　隆幸

「みち」という言葉に多様な漢字と意味があることは先にお示ししたとおりですが、「道路」という言葉を使うと皆さんはどのような空間、意味を思い浮かべるでしょうか？また、「道路」は法律ではどのように定義されて使われているかご存知でしょうか？

「道路」に関する法律の中で最も基本となるものは「道路法」ですが、この道路法では「道路」は「一般交通の用に供する道」であると定義されています。しかし、これ以上の解説はなく、「道」が何を指すかは示されていません。では、「道」とは一体どのようなものでしょうか？

「人や自動車が行き来し、その管理を行政が行っている、境界がはっきりした空間」を「道」と呼ぶことは異論がなさそうですが、これだけかというとやや不安になります。実は「道」を定義するのは容易なことではありません。何故なら、「道なき道を行く」といった表現があるように、我々が「進もう」という意思を示したところには、多かれ少なかれ「道が拓ける」可能性があるからです。つまり、「道」とは、特定の空間が独自に持っている物理的な属性(例えば、その形状や色彩や素材など)によって定義されるのではなく、その空間と主体（意思を持っている存在）との関わり方によって判断される、ということができるでしょう。「主体が進むことができる」と判断した空間はすべて「道」の可能性があるといえるのだろうと思います。

さて、ここでもう一度頭の中を整理してみましょう。もし「道」が「主体と空間の関係」を表しているとするならば、実は「道と認識される空間」は本来極めて多様で、多義的なものであるのが当たり前なのではないでしょうか。逆に言えば、「空間としての道」は少なくとも「進むことができる」という機能を備えた空間であるものの、その空間が有する「進むことができる」以外の機能やその空間の物理的属性から生じる様々な性格そのものを否定するものではないということです。例えば、公園の中に備えられた園路は、そこに設置されたベンチで休む人にとっては単なる「休息の場」であり、公園にやってくる多くの人にとってはあくまでも「公園の一部」にすぎませんが、実はその公園を通り抜けてその先の職場に向かう人にとっては立派な「道」です。ごく当然のことですが、ある空間と主体との関係は「その主体が進めると判断するか否か」ということに尽きるものではなく、もっと複雑な「多様で、多義的なもの」なのだということができるでしょう。「進む」という機能は複雑な主体と空間の関係のひとつの側面でしかないのです。

しかしながら、いつの間にか我々は「道路」は「交通の用に供するための特別な空間」でなければならないと考えるようになってしまいました。「交通の用に供する道」が必ずしも「交通の用に供するための特別な空間」つまり「交通処理を目的に行政が整える特別な空間」ではないことにもう少し早く気がつくべきであったのかもしれません。従来から我々が「道」として認識している「空間」は、実はもっと芳醇な意味を持ったものとして我々の眼の前に広がっていたのであり、そこには様々な機能と役割が付与されていました。もちろん「ひとつの限られた機能が独立して存在する空間の確保を目指す」ことは、様々な主体が様々な意図を持って活動しているこの世の中で、ある機能を備えた空間を効率よく生み出すためには非常に有効な手法であるということができるでしょう。しかし、同時にもっと複雑な関係にあるはずのもの、つまり我々と空間の多義的な関係を捨象してしまうことの「つけ」も支払わなければなりません。そして芳醇な意味を失った無味乾燥の世界は必ずしも我々が望むものではないのではないでしょうか。

本書では、こうした「道」空間の原点に立ち返って、我々が「道路」とよぶ空間をより芳醇な空間、多義的な空間としてとらえなおすことを主張しています。もちろん、「進む志」を見失うことを主張しているわけではありません。「進む志」をかなえる空間も実はもっと豊かに我々と向かい合っていることをもう一度確認しようとしているのです。そこに佇み、様々な人々と語りあり、周囲の風景に自らを溶け込ませて、移ろい行く「時」を感じる。早く通り過ぎることよりもっと楽しい空間と時間の使い方もあるのではないでしょうか。「進もうとする空間」の中にも我々の貴重な時間が流れていることを感じ取り、しかもその空間は決して独立して存在しているのではなく、周りの空間と連続的に存在し深い相互作用を持っていることを再確認し、そしてなによりも我々自身との相互作用が多様な「意味」を生むことをもう一度思い出したいものです。

時間はゆったりとすべての空間を覆いつくしながら流れて行きます。その「時空間」に浮かぶ我々の進もうとする意思は、ある時間断面で「道」という「空間」を創り出して行きます。そしてその「道」を抱えた時空間は、次々とやってくるいろいろな人々の感性に様々に語りかけ、人々が進んだ「跡」はその人達の人生という「時間の道」になってゆきます。そして、またその道を追うように次の若者がやってきます。「道」が「人と空間の関係」の中から生まれる以上、「道」は人の移ろいに合わせてその姿を浮かび上がらせてはまた消えてゆく宿命にあります。しかし、それ故に一人ひとりにとって特別な愛おしい存在なのではないでしょうか。

「道路」を豊かな時空間として引き継いでゆくことこそ、あらゆる事象が激しく濁流のように流れてゆく今の時代に生きる我々の責務であると考えます。

2 いまなぜ道路空間の高度化なのか

天野 光一

(1) 道路空間の来し方

現在までの道路空間はどのように捉えられて来たのでしょうか。道の歴史をここで詳しく語るつもりはありませんが、都市間と都市内に分けて少し振り返ってみましょう。

わが国の都市間の道は古代の畿道から始まり、東海道や中山道などの有名な五街道があります。通行の用が主ではありましたが、街道並木や一里塚など地域を感じさせる要素は存在していました。その地域性があったからこそ、その風景は安藤広重の東海道五十三次といった芸術作品となり、人々に愛されていたのです。自動車が発達した以降の都市間道路の代表は高速道路でしょう。高速道路の代表とも言えるドイツのアウトバーンは、もちろん国の交通の幹線の役割を担っていましたが、それまでの都市開発でつぶしてきた森をアウトバーンの整備にあわせて復活させようという意図もあったようです。自動車の通行する空間を創造するのみならず、その周辺空間の整備によって国土の再構築という非常に高邁な思想があったといえましょう。わが国における初めの高速道路である名神や東名高速道路も、当時の技術者たちがとてもシャイであったせいかきちんと書き残してはいませんが、自動車の高速幹線道路を作るだけでなく、自然や景観に対する配慮も含めて立派な道路を作ろうという意識があったようです。

都市内の道路に目を向けると江戸時代で考えても、例えば表通りの○○通り、広場のような広小路、迷宮のような横丁路地など名称も様々ですが、機能すなわち使う人たちの感覚の異なる実に多様な道路空間が存在していました。近代以降でも同様様々な都市内の道路、すなわち街路の空間が存在するのですが、特に目立つのはその都市の顔となるような街路の存在です。都市の顔となる街路といえば国外では、パリのシャンゼリゼ、オペラ通り、ベルリンのウンターデンリンデンなどが思い浮かびます。いずれも直線的な街路で正面に象徴的な建造物のある、このような直線で正面に象徴的な建造物のあるような街路、景観的にはビスタアイストップ型の街路景観といっていますが、権力的な印象があるもののその都市の顔となっていることに異論をはさむ人はいないでしょう。わが国で都市の顔となるような近代街路の嚆矢のひとつとして必ず挙げられるものが銀座通りでしょうか。当時としては広幅員（15間、27m）の幅員で、歩道も、街路樹も、街路照明といった、道路敷内の設計ももちろん、沿道の建築も一体に設計しており、だからこそ近代化日本の顔となりえたといって良いでしょう。つまり道路敷内だけでは豊かで格式のある道路空間は形成できないのです。しかしわが国の都市内の道路では以降丸の内のような若干の例外を除くと道路空間の形成はもっぱら公（お上）の手にゆだねられることになります。帝都復興の昭和通り、大正通り（現靖国通り）、戦災復興の各都市の駅前通りなど都市の顔となる街路はつくられてきます。街路の計画設計の中で市役所や駅などの公共建築や遠景の山や城などとの関係に関する配慮の記述はあっても残念ながら沿道の民間の建築などと一体となった道路空間づくりはあまり語られません。

大正8年の道路法に基づく道路の構造に関する規定は、都市間の道路に対する道路構造令と、都市内の道路に関する街路構造令と2本立てでした。つまり、自動車交通のためだけでなく都市に暮らす人々の視点にも配慮した構造令だったともいえましょう。それが、昭和33年新道路構造令に改定（新道路法の制定は昭和27年）され、どちらかといえば自動車交通のための道路整備が中心となるわけです。当時の事情を考えると、昭和31年には経済白書において「もはや戦後ではない」といわれました。これは戦後復興を成し遂げ高度成長期に向かうといった勝利宣言のように誤解されることが多いようですが、むしろ、戦後復興を終えた日本が今後どのように経済成長をしていくかという困惑をこめた言葉であったと解釈できます。そのような中、同昭和31年には我が国の高速道路建設を検討するためにワトキンス調査団が来日、日本の道路事情を調査し、ワトキンス・レポートが出されます。そこには日本の道路事情を語る有名な"The roads of Japan are incredibly bad. No other industrial nation has so completely neglected its highway system."「日本の道路は信じがたい程に悪い。工業国にして、これ程完全にその道路網を無視してきた国は、日本の他にない。」という文章が記述されていたのです。このような我が国の実情のもと、道路づくりは人間のための空間づくりより、交通網の整備が中心になったといえるでしょう。この方向性のおかげで我が国の道路事情は格段に改善されました。しかし、生活感覚から若干乖離し、自動車のための空間としての認識が増えたことも否めません。今、道路の空間を、暮らしまた訪れる人のための空間として多様性をもった人間のための高度な空間としてつくりあげることが求められているといってよいでしょう。

(2) 道路空間の行く末

これからの道路空間はどのようにあるべきなのでしょうか。まさにこの問いかけに答えたのが本書です。いわく本書をお読みいただいて我々の考えるところを理解していただきたいというのが正しい本音なのですが、「はじめに」で挙げられた、「標準自動車主義から多様性主義へ」、「道路から道路空間へ」、「公物から共物へ」という三つの基本的な考え方について、蛇足的ではありますが若干の解説をしたいと思います。

① 標準自動車主義から多様性主義へ

これまで（特に昭和30年代以降）の道路整備は、増大する自動車利用に対応するべく自動車のための走行空間の確保といった観点から進められてきたと言っても過言ではなく、歩行者や自転車は後回しにされ、道路の幅員構成などの規格も自動車中心の画一的なものとなっていました。先に述べられているように、道路は多様で多義的なものであり、自動車だけではなく様々な主体が各地域の特性も活かしながら多様な使い方ができる場として捉えていくことが求められているといえます。

道路空間の機能について、道路構造令では、①交通機能、②空間機能が挙げられています。①交通機能は、安全、迅速、確実に移動するという通行機能と、目的地に直結するというアクセス機能、さらには自動車が駐車したり歩行者が滞留できる滞留機能を含めたものであり、②空間機能は、交流・レクリエーション空間、防災・緩衝空間、環境空間としてのオープンスペース機能と、エネルギーや情報等の供給・収容空間、環境要素の循環空間としてのインフラストラクチャー機能を含むものです。景観法の成立に伴い道路景観に対する要求にこたえて編纂された、道路のデザインという本では、この2つの機能に加えて、②空間機能に含まれているとされる市街地形成機能は、道路自体の操作によって可能となる面は少ないが、道路デザインとしては極めて重要であるとし、③先導機能としてあげています。③先導機能は、沿道の空間構成や景観整備を先導するもので、地域や都市の基本構造を規定し、これによって景観の骨格を先導して形成する機能であるとしています。さらに、道路はその利用者が沿道の景観を眺める際の装置となり、しかも、自動車利用者も歩行者も、移動しながら景観を体験するため、面的に広がる地域を認識することができるとし、④地域認識機能も挙げています。このように構造令で挙げている以外にも道路空間は様々な機能を持っているはずですし、さらに今後どのような機能を果たしうるのかまた果たさなければいけないのかを常に問いかけていくことが重要であると考えます。

②　道路から道路空間へ

道路というと、前述したように昭和30年代からの整備のイメージが強いため、交通機能が中心として、かつ道路の用地内の整備として捉えられやすいと思います。しかし、前述したような多様な機能を持つためには、いわゆる道路敷内だけで考えても達成することはできません。道路空間として道路の延長方向に伸ばして考えて、一つのルートとして考えることだけでなく、複数の道路のルートを総合してネットワークとして考えることももちろん必要です。ネットワークとして考えることの中には交通計画上の話はもちろんですが、前述した都市の顔となる目抜き通りといったものから裏通り、横丁や路地といった、都市の中において階層構造を持った多様な道路(街路)空間の構成といった考え方も必要であると思います。さらに、都市内であれば建築物、都市間であれば農地や自然といった沿道の空間まで広げて、道路空間を捉える必要があります。前述の階層構造を持つ街路空間を考える際も、さらに多様な様々な道路空間を創出するためにも、いわゆる道路敷内に留まることなく沿道や周辺へ考える空間を広げ、柔軟に空間を捉えていく必要があります。空間のみならず、時間的にも過去から将来への時間の流れの中で道路空間を捉えるべきです。歴史を踏まえ将来のあり方を考えることのみならず、ある時点で空間が完成すると考えるのではなく、様々な主体が様々な形でその空間に関係することで、道路空間は発達し熟成していくと考えるべきでしょう。すなわち、前述したように多様な機能を考えるだけではなく、道路を3次元的にも4次元的にも拡張し、さらに広い範囲で「道路空間」として捉えるべきだと考えます。

③ 公物から共物へ

さて前述のような道路空間をつくり上げていくにはどのような人々がどのような役割を担えばよいのでしょうか。道路は、公共空間ですが、我が国で公共というとお役所を指すように考えられる場合が多いといってよいでしょう。公共とは何かということについて筆者の大先輩の鈴木忠義先生が言われていたことを紹介したいと思います。公共とは実は、公・共であるということです。公はまさしく役所であり「おおやけ」の部分です。共とは、共有でありたとえ所有権は個に属していても使用する人にとっては共有であるということです。道路敷内は所有権は「おおやけ」ですが、しかし沿道の建築物はどうでしょう。所有権は個である場合が多いのですが、道路空間に与える影響は間違いなく大きい。所有権が個だからといって勝手な形や色彩の建築や広告などが出現すれば美しく豊かな道路空間は生まれません。このように所有権は個に属していても様々な人々が存在する空間などに影響を与える部分が共だという考え方です。すなわち、公と共が連携しお互いの役割を果たしてこそ良い公共空間が出現するのです。道路は公の物「公物」であることには違いありませんが、こうした考え方をさらに進め、整備や管理の基本的な責任は行政にあるとしても、道路は皆の物としての「共物」であるという認識の下に、多様な主体が責任を持ちながら、そのつくり方や使い方を議論し具体化していくことが重要となっています。

(3) 道路空間高度化を考える現在

道路空間の来し方、行く末について、私見を述べてきました。簡略にいえば、多様な機能を持ち、空間的にも広がりを持った道路空間を、様々な主体によって作り上げていこうということについて、いくつかの観点を挙げ、思うところを議論して出来上がったものが本書です。本書が読者諸氏の刺激になり、少子高齢社会の到来や地球環境問題の顕在化などに伴う多くの課題に、私たちの身近にある道路空間において、如何に対応していくかといったことも含め、道路空間が豊かな空間として将来の我々の子孫に誇れる財産になるための一端となれば幸いであると考えています。

3　道路空間高度化の六つの基本的視点

谷口　守

三つの基本的な考え方（①標準自動車主義から多様性主義へ、②道路から道路空間へ、③公物から共物へ）を軸に、道路の機能と役割を重ねて見直すことによって、道路空間を高度化していく際の重要な視点を次の六つ（1．ステイ、2．スロー、3．フュージョン、4．ローカル、5．コラボレーション、6．グロウイング）にまとめることができます。三つの基本的な考え方とそれぞれの視点の対応関係は表に示すようになっています。

本書では、ここで示した六つの視点をそれぞれ章とし、以下の本文を構成します。各視点の詳細な内容については各章の冒頭部分に整理されていますので、ここではごく簡単に各視点の内容を整理しておきます。

3つの基本的な考え方と本書の構成（6つの視点）

◎：特に関連の深い「基本的な考え方」と「視点」

基本的な考え方／6つの視点	①標準自動車主義から多様性主義へ	②道路から道路空間へ	③公物から共物へ
1. ステイ： 生活の場としてのみちづくり	◎自動車のためだけの道路から生活の中の空間へ	通り過ぎる道路から暮らしの中の空間へ	――――
2. スロー： ゆったり歩けるみちづくり	◎高速移動のためだけの道路からゆったり過ごせる空間へ	地域を通過する道路から地域に接する空間へ	――――
3. フュージョン： 都市空間に溶け込んだみちづくり	移動のためだけの道路から生活の中の空間へ	◎移動のためだけの道路から都市と一体化した空間へ	◎道路と沿道の希薄な関係から共につくりあげる都市空間へ
4. ローカル： 地域ならではのみちづくり	◎どこでも同じ道路からここだけの空間へ	◎地域を通過する道路から地域をつくる空間へ	――――
5. コラボレーション： 協働によるみちづくり	決まりきった道路から個性を加える空間へ	――――	◎誰かがつくる道路から自分も関わる空間へ
6. グロウイング： ともに成長するみちづくり	◎昨日と同じ道路から明日は違う空間へ	◎一本の単なる道路から道路を活かした空間へ	◎つくりっぱなしの道路から共に成長する空間へ

(1) ステイ：生活の場としてのみちづくり

道路＝自動車のもの、といった図式ができたのは実はごく最近のことといえますが、道路には本来もっと多様な役割があります。特に自動車がこれだけ増える以前は、道路は自動車が通過するための空間ではなく、その周囲で住んだり働いたりする人たちの生活の場として活用されていました。たとえば、それは子供たちの遊び場であり、住民たちの立ち話による意見交流の場であり、また時としてお祭りのための祝祭空間でした。現在、社会の成熟化とともに、このような道路が人をとどまらせる機能に対し、改めて注目が集まっています。これはまさに「標準自動車主義から多様性主義へ」の流れにのる視点ということができます。このような動きが生じた背景として、生活の場として道路空間を見直すことによって、我々の生活の質が向上するからに他なりません。新たな交流やコミュニティ育成のため、道路を生活の場として捉える「ステイ」の考え方を本書では最初の視点とします。

(2) スロー：ゆったり歩けるみちづくり

生活に対する価値観が変化する中で、現在ゆったりと歩くことのできる道路空間が見直されています。これは「標準自動車主義から多様性主義へ」の流れを示すもう一つの姿であるということも可能でしょう。その意味でステイとスローは相互に関連する部分も存在します。それは単に歩行者がゆったりと歩けるということだけでなく、自転車や障害者も含め、あらゆる主体にやさしい道路空間といえます。そのためには道路のための十分な空間を確保するとともに、歩行者と自動車の分離、共存のあり方を徹底的に洗い直し、すべての人が豊かな生活を実感できる質の高い空間に再構成する必要があります。その際、ユニバーサルデザインを積極的に導入していくことも今後の一つの重要な方向性といえます。このように迅速な移動だけを主眼としない道路空間整備の視点は、「スロー」という概念で総称することが可能です。「スロー」とは、歩行者や自転車が、安全、快適に歩いたり通行したりすることができる、人が主役のみちづくりの視点なのです。

(3) フュージョン：都市空間に溶け込んだみちづくり

ごく大まかにいえば、都市は「建物を含む個々の敷地」と「道路」から構成されています。どちらかが欠けても都市は成立しません。また、どちらかが不十分であったり美しくなければ、もう片方がいくら立派であっても全体としての都市はみすぼらしいものになってしまいます。つまり「道路」と沿道の「個々の敷地」はなるべくセットとしてとらえ、都市全体の質を高める工夫を避けてはなりません。具体的には、道路沿い建物のデザインの統一、道路と沿道の境界部分の融合（フュージョン）、都市空間の利用ニーズに応じた立体的な道路と建物の融合的な利用、交通結節点に相応しい道路の機能整備と建物空間の集約化といった課題が重要といえます。このような境界部分の融合（フュージョン）に着目した取り組みは、道路と沿道とが互いに溶け合い、また立体的に活用され、有機的・重層的に結びつく空間づくりの視点と整理することができます。まさに「道路から道路空間へ」という基本的な考え方を体現する視点といえます。また、道路が生活空間と適切に融合することに伴って、ステイやスローといった先に述べた視点が成立しやすくなる空間が生み出されるということも忘れてはなりません。

(4) ローカル：地域ならではのみちづくり

「標準自動車主義」という考え方に立つ限り、所与の交通量をさばくための道路には地域ごとの個性を反映する必要などはありません。しかし、地域はそれぞれ固有の自然、歴史、文化を有しており、地域の特性を反映した道路空間づくりが求められるのは、これからの時代においては当然のことといえます。これは「標準自動車主義から多様性主義へ」の考え方をあらわす一つの形であるとともに、道を取りまく周囲の空間づくり（フュージョン）も含めた広がりを持った視点であるということができます。具体的には地域の歴史や景観に配慮し、地域居住者が愛着を持つだけでなく、来訪者に対しても好印象を与えるような道路空間づくりが求められています。このような道路づくりの視点は「ローカル」と総称でき、地域の個性を活かした特徴ある道路空間づくりの視点と整理することができます。

(5) コラボレーション：協働によるみちづくり

まちづくりや住民参加に関する住民の関心が高まると同時に、道路の計画、維持管理の分野においても市民参画が幅広く行われるようになってきたのは望ましいことといえます。特に行政が整備した道路を住民が利用するという一方通行の図式から、行政とともに道路空間をつくっていくという双方向の意識の高まりは、住民にとって満足度の高い道路空間を実現する上で有効なもので、基本的な考え方の中で示した、「公物から共物へ」のシフトを象徴する事項です。また、このような協働意識に基づく取り組みは、道路空間の使い方という面でも大きな効果を生みます。道路空間自体を学びとして活用することも、近年多くの地域で注目されている道路空間の使い方の一つといえます。このような協働による道路空間づくり、活用の発想は「コラボレーション」と総称できます。また、このようなコラボレーションがうまく進められることにより、より質の高いフュージョンやローカルの取り組みの実現が期待できます。

(6) グロウイング：ともに成長するみちづくり

地域の成長に道路空間は大きな役割を果たしています。またそれとともに、その道路空間自体も成熟し、それに関わる地域の人たちも様々な経験を積むことになります。道路は我々の生活に密接に関係しているため、長い時間の流れの中で「道路」「地域」「人」は渾然一体となって成長していくといえます。このような成長は、「標準自動車主義から多様性主義へ」、「道路から道路空間へ」、「公物から共物へ」といった基本的な考え方を広く内包するものです。特にこれからは地域再生の一つの軸として、道路を地域や人が守り育て、また道路によって地域や人が育てられるという良い循環関係を構築していくことが重要です。環境や防災、地域活性化といった様々な観点から道路空間を見直すということも、作業の一環となるでしょう。このような時間の経過とともに成長を重ねていくという「グロウイング」の発想は、特に今までは気づかれることの少なかった視点といえます。なお、良好なコラボレーションの存在はグロウイングの促進に不可欠です。グロウイングの進展に伴い、ステイやスローといった面での価値観の見直しが一層進むとともに、フュージョン、ローカルの取り組みに関する質の向上を期待することができ、その効果は広く及ぶことになります。

第1章「ステイ」：生活の場としてのみちづくり

1-1 「ステイ」のみちづくりの基本的視点

かつて道路は、人や車にとっての単なる移動のための空間にとどまらず、ある時は子供たちの遊び場となり、またある時は地域の人たちの祭りや井戸端会議の場となるなど、地域住民のふれあいや交流を育む貴重なコミュニティ空間として、様々な役割を果たしてきました。商店街においても、車の往来を気にすることなく、ゆったりと店を巡り、会話を交わしながら買い物を楽しむことができました。

しかし、経済が高度成長の軌道に乗り、モータリゼーション（自動車利用）が急速に進行するなかで、道路整備が遅れていたこともあって、自動車があらゆる道路に溢れ出しました。このため、道路整備の主眼は、いかに自動車の走行を円滑に行うかに置かれるようになり、その結果、人は隅に追いやられ、ゆったり過ごすことのできる道路空間は数少ないものとなってしまいました。

先にも述べましたが、以前は遊び場や立ち話の場であったり、買い物を楽しむ空間であったりと、道路は日常的な生活空間ともなっていました。時代が変わったとしても、改めて道路空間を生活空間として見つめ直してみてはどうでしょうか。

社会経済の成熟化とともに、早くて、便利であればよいということだけではなく、ゆとりや人とのふれあい、あるいは心の豊かさなど生活の質的な面の向上が求められるようになってきています。

ここでは、こうしたニーズに応えるため、人々が道路に留まり、楽しみ、くつろぐことができるような、道路を生活の場としてとらえる「ステイ」のみちづくりについて考えていきます。

1-2 「ステイ」のみちづくりに向けた三つの提案

「ステイ」のみちづくりについて、「地域コミュニティを育む道路空間をつくる」「魅力あふれる賑わい空間をつくる」「道路空間で交流を生み出す」という三つの視点から提案を行います。

(1) 地域コミュニティを育む道路空間をつくる

① たまり空間の創出

駅に向かう少し交通量の多い道路を考えてみましょう。歩道が整備されていない道路では、自動車が通るたびに立ち話は中断させられ、電柱に隠れてやり過ごすというような光景がよく見られます。歩道と車道が分離されている道路でも、十分な歩道幅員のないことが多く、また店舗などの看板や商品がはみ出したりしていて、そのような空間ではゆったり歩くこともできませんし、なかなか会話を楽しむことはできません。

道路は人々が行き交い、触れ合う場でもありますが、かつての道路のように、近所の人たちとのおしゃべりを楽しめたり、お年寄りが道路を眺めながらゆったりと休憩できたり、また子供たちの笑い声が聞こえる遊び場になるなど、今の道路にもそんな空間があると楽しいのではないでしょうか。このような「たまり空間」を、道路のところどころに確保していきたいものです。

新たに歩行者専用道路や広幅員歩道として整備する場合や、現在でも歩道の幅が十分あるところでは、それ自身でたまり空間としての機能を持つことができるでしょうし、場所に応じてベンチなどを設置することで使い勝手もよくなります。

たまり空間ともなるゆったりとした広幅員歩道
（神戸市兵庫区　都市計画道路松本線）

阪神・淡路大震災の復興土地区画整理事業が行われた神戸市兵庫区の松本地区では、都市計画道路松本線（幅員17メートル）の片側に幅員6・5メートルの広幅員歩道が整備されています。歩道の中にせせらぎが設けられ、そこには金魚やメダカが泳ぎ、周辺は豊かな植栽が施されています。碁盤や将棋盤つきベンチやあずまやなども配置されていて、休憩したり、囲碁、将棋や井戸端会議ができるようなたまり空間ともなっています。なお、せせらぎは震災の経験から地域住民の提案により、非常時の初期消火の水や生活用水として使えるようにと整備されたもので、せせらぎを流れる水は下水の高度処理水を活用しています。

たまり空間を整備するために、歩道に隣接する土地を道路などとして行政機関が取得することも考えられますが、沿道の土地や建物と連携してたまり空間を確保する方法もあります。たとえば、沿道の建物にセットバック（建物を道路から後退させて建てること。壁面後退ともいう）してもらい、その空間にベンチを置き、植栽を施します。歩道と同じ高さでデザインも統一すれば、立派なたまり空間となります。また、建物に付属して休憩できる設備をつくるという方法もあります。

東京都千代田区の大規模複合ビルでは、建築物の容積率の割り増しなどが受けられる総合設計制度により、敷地内に広場状の空地（公開空地）が確保され、歩道と一体となったたまり空間として整備されています。ベンチや植栽を配置し、ちょっとした休憩の場所となっています。

ところで、ベンチの設置を市民からの寄付により行う方法もあります。東京都品川区では、高齢者などがまちなかで休憩できる「お休み石」をバスの停留所や歩道などに設置する際に、区民等から寄付を募り、お休み石設置費用の一部に充当する「記念お休み石事業」を実施しています。記念お休み石には、寄付者のメッセージと氏名入りのサインプレートが表示されるようになっています。

歩道と一体となって沿道の敷地に確保された、たまり空間（東京都千代田区　丸の内オアゾ）

市民の寄付等により整備された、歩道上で一休みできるお休み石（東京都品川区　仙台坂上）

なお、現在でも行き止まりとなっている道路や幅が狭くて自動車が進入しにくい道路では、すでにたまり空間としての機能が一定程度備わっているともいえますが、このような場合、その良さを活かしながら快適性や防災性の向上など、必要な改善を行っていくことが大切でしょう。

このようなたまり空間があちこちに生まれてくれば、そこでゆっくりたたずんだり、また人々の会話が弾んだりと、まちにうるおいや活気が広がってくることが期待されます。井戸端会議ならぬ「たまり空間会議」が開かれ、縄跳びなどの遊びや縁台将棋、また場所によっては大道芸なども楽しむことができるかもしれません。

こうした取り組みが、道路空間にゆとりを与え、かつての生活感あふれる道路が、現代版に姿を変えて復活することになるのではないでしょうか。

② 歩車共存の工夫

住宅地などにおいて、自動車交通量のそれほど多くないところでは、歩行者や自転車を中心に考え、一定の幅員の道路を上手に使うことが大切となります。つまり、歩行者などを優先させながら、人と車が共存する歩車共存の道路とするのです。このためには自動車の走行速度を抑制し、歩行者や自転車の安全、快適な通行を確保する必要があり、凸部（ハンプ）、狭さく部や屈曲部（シケイン）など、自動車がスピードを出せないようにする仕掛けや、運転者にその道路が歩行者優先の歩車共存の道路であることを認識させる仕掛けが大切となります。

なお、新市街地の整備や既成市街地でも土地区画整理事業などにより整備する場合には、計画的に歩車共存の道路を整備することが可能ですが、既存の道路を歩車共存の道路にしていく場合には、道路ネットワークの中でのその道路の役割を確認し、一方通行とすることが可能かどうかなどを含め検討する必要があります。

東京都品川区の旗の台地区は閑静な住宅地ですが、幹線道路の抜け道となっていたため、歩行者は安全に道路を通行することができませんでした。このため歩行者等の安全に配慮した道路とするべく、ハンプや狭さく部を設けるとともに、大型貨物車等の通行規制も併せて実施し、歩者共存の道路として再整備されています。

東京都世田谷区の東急田園都市線用賀駅から砧公園の間に、用賀プロムナードという歩車共存の道路が整備されています。住宅地の中を通るこのプロムナードは、せせらぎやベンチなどが設けられるとともに豊かな植栽が施され、また舗装には瓦などが使われていて全体が歩道のような雰囲気となっていることから、車は自然と速度を落として走行するようになり、人々はゆっくりと歩くことができます。

歩車共存の道路が必要なところに整備され、しかもそれらが歩行者専用道路などを含め、ネットワーク化されていることが望ましいといえます。家の前には住宅地の中の静かな歩車共存の道路があり、歩いていくと公園があって、そこからは歩行者専用道路がある。そしてその道路は商店街の歩車共存の道路やショッピングモールに繋がっていくといった具合です。

ハンプが設けられ屈曲した車道となっている歩車共存の道路（東京都品川区　旗の台地区）

ゆったりと歩ける緑豊かな歩車共存の道路（東京都世田谷区　用賀プロムナード）

このような歩車共存の道路は、たまり空間としての役割も持つことになります。立ち話や休憩、あるいはちょっとした遊びの場となり、また、季節や時間によっては自動車を通行止めにして、地域のお祭りや簡単なイベントの場とすることも可能ではないでしょうか。この場合には関係機関の許可などが必要となりますが、誰もが持っている路上での楽しみを地域の合意のもとに具体化し、楽しい道路空間としていけたらよいのではないでしょうか。

ところで今後、発展が著しいＩＴＳ（高度道路交通システム）技術を活用していくことも考えられます。ＩＴＳとは、交通の快適性や便利さ、地域との連携を追求するとともに、交通事故の防止や渋滞の解消、排気ガスによる環境負荷の低減などといった道路交通問題の解決を目的に、最先端の情報通信技術を用いて人と道路と車両とを情報でネットワークする新しい交通システムのことです。歩車共存の道路において、このＩＴＳを活用して、たとえば、自動車がこの道路に進入してくると、「この道路は歩車共存の道路です。時速３０キロメートル以下で走行してください」と音声が流れる、あるいは時速３０キロメートル以上のスピードが出ないようにコントロールされる、さらには自動車のナンバーを読み取って、大型車などの進入を防ぐ、といったことができるようになるのも遠い将来ではないかもしれません。

(2) 魅力あふれる賑わい空間をつくる

① 安全、快適な商業ストリートづくり

かつて買い物といえば、買い物かごを下げて、八百屋から魚屋へ、肉屋から乾物屋へといった具合に一軒一軒回りめぐり、店の主人や他の買い物客と会話を交わしながら買い物を楽しむといった光景が一般的で

した。もちろん買い物の楽しみ方は人それぞれでしょうが、賑わいを誇った商店街の中には、モータリゼーションの進展とともに、その通りを自動車に占領され、ゆっくり買い物ができなくなったことや、大型店舗の郊外への立地などにより衰退してきているところが多く出てきています。頑張っている商店街も数多くありますが、自動車に煩わされることなく、安心して買い物や飲食、娯楽などを楽しむことのできる商業ストリートがあれば、また楽しい時間を過ごすことができるのではないでしょうか。

店舗や商店街自体を魅力あるものとすることが大切であることは言うまでもありませんが、商店街の通りをゆっくり安心して買い物などができる場とすることも重要です。

まずは歩行者専用のショッピングモールとして整備することが挙げられます。これは自動車の進入を制限し、街路樹や花壇、ベンチなどストリートファニチャーを配置した安全、快適な買い物通りとするものです。なお、商店街の自動車交通量によっては、バイパスなど他の道路の整備と併せてショッピングモール化を検討することが必要となります。

仙台市の中心商業地では、仙台駅前から定禅寺通りまでの約1.6キロメートルにわたって、ショッピングモールが連続して整備されています。歩行者専用道路として自動車の進入は禁止されていて、商品の搬入のための車なども進入することができず、モールの脇で台車などに商品を移し替えて搬入しています。モールには街路樹やベンチなどが設置されていて、楽しく快適に買物ができる通りとして多くの人で賑わっています。

ゆったりと買い物を楽しめるショッピングモール（仙台市青葉区一番町）

また、道路を一方通行にして歩車共存の買い物通りとすることや、曜日や時間を限って歩行者天国にすることなども考えられますが、道路の役割、歩行者や自動車の交通量などを考慮して、その方法を選択していくことになるでしょう。

さらに、商店街などの通りから自動車交通を排除しながら、歩行者などとバスや路面電車といった公共交通機関のみが通れるようにする、トランジットモールという方法もあります。人は徒歩や自転車、公共交通機関で、あるいはモールの入り口付近に整備された駐車場に車を置いて商店街を訪れ、そしてゆったりと買い物を楽しむことができます。トランジットモールの場合は、交通渋滞に巻き込まれることもなく公共交通機関が円滑に走行できることから信頼性が高まり、公共交通機関の利用率や利便性も高まるという好循環が生まれることも期待されます。トランジットモールはフランスのストラスブールなど欧米の都市では多くの事例が見られますが、我が国では石川県金沢市や群馬県前橋市で実施されているところであり、青森県八戸市や沖縄県那覇市などでは、トランジットモールの導入に向けた社会実験（新たな施策を導入するに際して、その効果や影響を事前に把握するために、場所や期間を限定して、実際にその施策を試行する取り組み）が行われています。

（整備後）　←　（整備前）

都心部の幹線道路を車両通行止めにし、ＬＲＴを導入して整備されたトランジットモール

（フランス・ストラスブール）（写真提供：ストラスブール市）

金沢市及び前橋市では、自転車及び歩行者専用道路として一般車両の通行が禁止されている商店街の通りに、中心市街地の活性化や公共交通の利用促進、交通弱者の移動手段の確保などの観点からコミュニティバスの通行を認める方法により、トランジットモールが形成されています。金沢市では、１９９９年（平成１１年）から横安江町商店街の通り（約３３５メートル）でコミュニティバス「金沢ふらっとバス」により、また、前橋市では、２００２年（平成１４年）から銀座通りの約４００メートルの区間でコミュニティバス「マイバス」により実施されています。

コミュニティバスによるトランジットモール
この区間では、希望の場所で乗り降りができるフリー乗降が実施されている（石川県金沢市横安江町商店街通り）（写真提供：石川県金沢市）

コミュニティバスによる中心商店街の通りのトランジットモール（群馬県前橋市　銀座通り）

また、商店街の一つの通りだけを考えるのではなく、商店街全体あるいは周辺地区を含めた回遊性の確保にも留意する必要があります。市街地に大規模な商業施設が立地し、敷地の中に通路が設置される場合にも、その通路が公道、たとえば周辺の商店街の通りなどと連絡するように計画することは、回遊性を高め、全体としての賑わいを向上させる上からも重要といえます。

金沢市の中心商業地香林坊地区にあるプレーゴは、商業施設の跡地を活用し、中心市街地の活性化を図ることを目的に整備されたパティオ（中庭）を持った商業施設です。敷地の中に通路が設けられ、通路やパティオに面して物販や飲食の店舗（大半が1階建て）が並んでいます。この通路は、敷地の西側にある国道157号（百万石通り）と東側にある市道（片町1丁目線2号）を結ぶようにつくられていて、24時間通り抜け可能となっていることから地域の回遊性を高める役割も果たしています。なお、広場ではオープンカフェや様々なイベントも催され、多くの人々で賑わっています。

国道から24時間通り抜け可能な通路が敷地内に設けられた中心市街地の商業施設（石川県金沢市　香林坊地区　プレーゴ）

② 賑わいを演出する工夫

商店街などの通りについて、店舗と一体となった形で道路空間を活用していければ、楽しみ方も倍になるかもしれません。たとえば、洒落た雰囲気の店の中でお茶を飲むのもいいものですが、屋外で外気に触れながら、また通りを行く人々を眺めながらお茶を飲むのもなんとなく非日常的で、楽しいのではないでしょうか。

商業空間として一体的なしつらえができるものとして、こうしたオープンカフェや市（いち）などがあり、市には魚介類など地域の特産物や骨董品の市、フリーマーケットなど様々な種類や形態のものがみられます。これらは、商店街などとも連携しながら実施されることにより、より一層、通りに賑わいや活気を与えてくれるでしょう。

パリのシャンゼリゼ通りでは、それぞれの店の前の歩道にイスやテーブルが並べてあるオープンカフェを目にしますが、パリ市ではオープンカフェ等の営業に関する「公道における露店およびテラスの設置に関する条例」を定めており、歩行者の通行空間確保の観点からのテラスなどの設置可能区域や既得権益化を防ぐための規定などが設けられています。シャンゼリゼ通りでは、通りに面している建物の1階で飲食店を営業している者が、原則として4月1日から１０月第3日曜日までの間、許可を得て営業できるようになっており、建物前面の出幅5メートルのオープンテラスあるいは囲い込みテラスが許可され、さらに建物前面のテラスに隣接する出幅2･5メートルのオープンテラスもしくは2列の街路樹並木の間に設置するオープンテラスのいずれかの拡張が認められるようになっています。

横浜市中区の日本大通りでは、２００２年（平成１４年）か

通りに賑わいをつくるオープンカフェ（横浜市中区　日本大通り）（写真提供：横浜市）

多くの人で賑わうオープンカフェ（フランス・パリ　シャンゼリゼ通り）（写真提供：長沢小太郎氏）

ら社会実験として行われてきたオープンカフェが好評であったことから、2006年（平成18年）4月から本格的に実施されることになりました。このオープンカフェは沿道の店舗や地権者などで構成される「日本大通り活性化委員会」が主体となって実施されており、オープンカフェの出店者の選定や道路占用許可等の手続きは、適切な運営がなされるよう横浜市との間で結ばれている協定に基づいて、活性化委員会が行っています。現在、沿道のレストランなどが、その前面の歩道でオープンカフェを実施しています。

高知県高知市では、月曜日及び年始などを除く毎日朝から夕方まで、街路市が市道上を中心に開かれています。特に日曜市は早朝より追手筋（市道高知街1号線）の延長約1300メートルにわたり、4車線道路の片側2車線を使って行われ、通りには約500の店が建ち並び、地元の人や多くの観光客で賑わっています。

また、福岡市の天神などでは、夕方になると歩道上に屋台が並び夜遅くまで多くの人で賑わっています。現在、市内の道路上で約150軒の屋台が営業しています。

会社帰りの客などで賑わう歩道上の屋台（福岡市　天神地区）

農産物のほか骨董品や衣料品など様々な露店が並ぶ日曜市（高知県高知市　追手筋）（写真提供：高知県高知市）

オープンカフェや市（いち）など、道路空間を活用して賑わいを演出する工夫を、地域や商店街などとの合意形成を図りながら行っていくことは地域の魅力の向上や活性化にも寄与することになります。

(3) 道路空間で交流を生み出す

① イベント空間としての活用

三重県が「道」をテーマに募集した俳句の最優秀作に「雨止んで祭りの道となりにけり」（山村忠男）という句があります。祭りの当日には雨も上がって、「さあ、いよいよ楽しい祭りだ」という感じがよく伝わってきますが、ねぶた祭、祇園祭、阿波おどりなど、日本を代表する祭りから、小規模な地元の祭りまで、その多くが道路上で行われてきています。また、国際的なマラソン大会はもとより市民マラソン大会も、さらには様々な記念行事の際などに行われるパレードなどももちろん道路が利用されます。そして沿道にはそれらを見物する人々がいて、大勢の人が道路で繰りひろげられる祭りやイベントに興奮し、感動します。

道路全体が祭りの会場となっている阿波おどり（徳島県徳島市　市道市役所前通り線）（写真提供：徳島県徳島市）

勇壮、華麗なねぶたが中心市街地の通りを運行するねぶた祭（青森県青森市橋本２丁目交差点　国道４号）（写真提供：（社）青森観光コンベンション協会）

モナコでは市街地の道路を利用して自動車レース（モナコF1グランプリ）が開催されていますし、パリでは金曜日の夜と日曜日の午後に、道路上でローラーブレード走行を楽しむイベントが、ローラーブレード愛好家が組織する協会の主催で行われています。我が国ではこのような例はありませんが、道路で皆が楽しめるイベントをもっと企画していっても良いのではないでしょうか。もちろん、実施方法や実施時期について十分な検討が必要であることは言うまでもありません。

さらに、路上での大道芸や楽器の演奏といった路上パフォーマンスも道路空間を楽しくしてくれる要素となっており、まちの賑わいの創出や文化性の向上などを目的に、近年、多くのまちで行われるようになっています。

東京都では「街のなかにある劇場」として都民が気軽に芸術に親しむことができるよう、審査によって選定した大道芸人やミュージシャンなどのアーティストにライセンスを発行して、公園や地下鉄の駅など、公共空間の一部を活動の場に提供する「ヘブンアーティスト制度」を設けています。アーティストの質を確保するとともに、公共空間での活動ルールを明確にしたも

市街地の道路で開催される自動車レース（モナコ）（写真提供：(C) Daimler Chrysler Media）

手続き上は「デモ」として行われ、安全確保のため警察のローラー部隊も同行するローラーブレード走行（フランス・パリ）

のといえますが、同様の制度が埼玉県や大阪市、福岡市などでも設けられています。現在ヘブンアーティストなどの活動の場は公園などが中心となっていて、道路では、イベント開催時に車両を通行止めにした場合に限定的に行われているようですが、道路でも行われる機会が増えてくることが期待されます。

茨城県日立市では、毎年5月に日立、常陸多賀駅前の通りを中心に「ひたち国際大道芸」が、また静岡市では、毎年11月に都心部の道路や公園などで「大道芸ワールドカップｉｎ静岡」が開催されています。マジック、ジャグリング、パントマイムなどのストリートパフォーマンスが行われ、交通規制された路上は多くの人で賑わっています。

銀座の通りで繰り広げられるヘブンアーティストによるパフォーマンス（東京都中央区銀座中央通り）（写真提供：東京都）

常陸多賀駅前のよかっぺ通りで開催されているひたち国際大道芸（茨城県日立市　よかっぺ通り）（写真提供：ひたち国際大道芸実行委員会）

都心部の道路や公園で開催されている大道芸ワールドカップin 静岡（静岡市葵区　呉服町通り）（写真提供：静岡市）

道路で行われるイベントには、それを見物する目的で来ている人だけでなく、歩いていたら偶然、路上でイベントをやっていたので見物するという人もいるでしょう。偶然の楽しい出来事は、まちをより楽しいものとしてくれます。

祭りやイベント、大道芸や楽器演奏などの路上パフォーマンスは道路を舞台として行われ、道路とその沿道が観客席になっているといえます。演技する人、演奏する人、見物する人など参加する多くの人々の交流を通して、感動の輪が広がっていきます。

実施にあたっては、道路占用許可や道路使用許可などが必要となりますが、地域の合意形成を基本に、賑わいや豊かさの創出に向けたこうした取り組みを行政側も積極的に支援していく方向が望まれます。

なお、国においては、祭りや大道芸、オープンカフェなどの地域活動を円滑に実施する観点から「道を活用した地域活動の円滑化のためのガイドライン」（２００５年（平成１７年）３月国土交通省道路局）を策定しており、このなかで「既存の祭りのような短期間のイベントばかりではなく、昔のような道の多様な活用を目指して、継続的・反復的に道を活用して行う地域活動を推進することとしています」とされています。

② 交流やイベントを支える道路空間づくり

ヨーロッパを中心とする国々の都市には、伝統的に多くの広場がみられます。市役所や教会に隣接してまちの中央部に広場があり、まちの各所に点在する大規模な施設の前にも広場がある、そんな姿が一般的です。

欧米に比較して我が国では、まちの中の広場はそう多くは在りませんが、いわゆる１００メートル道路と呼ばれている札幌市の大通や名古屋市の久屋大通が素晴らしい広場空間を有している道路として挙げられるでしょう。通りの中央部分は広幅員の緑地や広場（現在は公園として管理されている）となっていて「さっぽろ雪まつり」や「名古屋まつり」をはじめとする様々なイベントが開催されるなど、まちのシンボルとして市民や観光客など多くの人が集い、憩う場となっています。

広場は、人と人との交流を生み出す舞台となり、まちのシンボルともなります。広場機能を道路空間のなかに、もっと創り出していったらどうでしょうか。

広場空間を有する広幅員道路の整備のほか、主要な道路の交差点の四隅に広場空間を確保し、そこにたまり空間や賑わい空間を配置して緑化、修景などを行い、その地区を象徴する交差点広場として整備していくことも考えられます。

横浜市中区の開港広場前交差点では、当初３本の道路が交差する複雑な交通動線を四差路に整理集約することで、自動車及び歩行者動線の円滑化が図られるとともに約１５００平方メートルの広場空間（開港広場）が創出されました。この場所は「日米和親条約」が締結されたところであり、日本大通りや大桟橋などを結ぶ重要な位置にあることから、歴史的環境や景観に配慮した広場整備が行われており、市民に親しまれているとともに多くの観光客も立ち寄る所となっています。

交差点改良により生まれた歴史的由緒のある広場空間　（横浜市中区　開港広場）

都心部に広大な広場空間を提供している道路　（名古屋市中区　久屋大通）

浜松市の官公庁施設等の立地する地区として整備されている「シビックコア地区」では、シンボル道路である東西軸（公園通り）と南北軸（アクト通り）の交差点をロータリー方式とし、そのロータリーの中央部に、約２２００平方メートルの広場空間を確保しています。この広場は、市民の憩いや交流の場として、また災害時の避難地として利用することを目的として整備されたもので「都市緑化祭」「冬の蛍フェスタ」や民間の「物産フェア」等のイベントが行われています。浜松市では中心市街地の道路等の公共空間において、従来のイベントに加え、オープンカフェや朝市、商品の展示販売など民間事業者等による経済活動を恒常的に認め、賑わいなど魅力ある空間を創出していこうとする「まちなか公共空間利活用制度」を制定しており、この広場についてもこの制度により、積極的な利活用がされています。

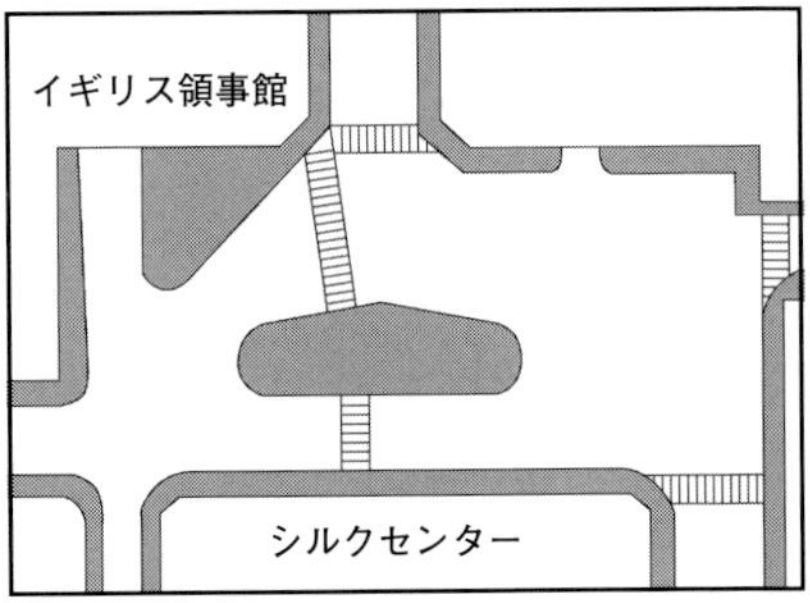

（交差点改良前）

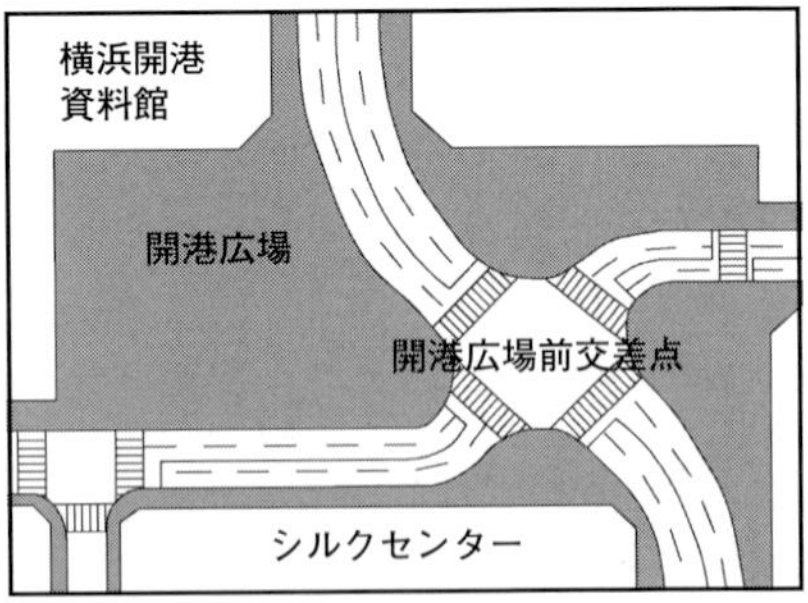

（交差点改良後）

6方向からの出入りがある交差点から4差路に改良され、広場空間も確保された交差点（横浜市中区　開港広場前交差点）

（出典：道路のデザイン　道路デザイン指針（案）とその解説／道路環境研究所編著）

さらに、駅前の広場のあり方も大切です。駅前広場は様々な交通の結節点であり、円滑な交通処理が基本であることは言うまでもありませんが、一方で、まちの玄関としての役割も担っています。そのまちの人だけではなく、まちを訪れる人も含め多くの人が集まるところになります。人々が交流し触れ合う場、憩う場としての広場整備も重要といえます。

北九州市のＪＲ門司港駅前広場は、門司港レトロ事業の一環として再整備が行われ、頭端式の門司港駅の駅舎（重要文化財）の前面に位置する広場（約２３００平方メートル）は、駅舎との調和に配慮したシンプルなデザインの歩行者広場（レトロ広場）として整備されました。この駅舎前面の広場は、従前は車も使用する駅前広場となっていましたが、新たに隣接地にバス、タクシー等の交通処理を中心とし

ロータリー方式の交差点とすることにより創出された地区のシンボルとなる広場

ロータリーの広場で開催されている物産フェア

（浜松市　シビックコア地区）
（写真提供：浜松市）

た交通広場（面積約３２００平方メートル）を整備することにより、人と車の動線を分離し、歩行者専用の空間としたもので、中央には噴水が設置され、フリーマーケットなどのイベントも開催されています。

ところで、道路空間で展開される交流やイベントが円滑に実施できるよう、道路内に必要な設備をあらかじめ設置しておくことも考えられます。たとえば、イベントや飲食の提供を行うために必要となる電気、上下水道などの設備が、歩道に設置されていて、そこに接続しさえすれば、すぐにそれらが使用できるようになるといったものです。このような設備が設けられていれば、道路をきれいに使うことにも繋がるのではないでしょうか。

さらに、街灯にスピーカーを組み込む、あるいはイベント用の支柱を固定する設備を路面下に設けておくといったことも考えられます。また、一時的に撤去可能な分離帯や縁石、移動式のプランターなどを採用して、祭りやイベントの際に道路を広く使えるようにする工夫がなされている道路もあります。

こうした工夫がなされている道路や路上パフォーマンスのできるたまり空間や広場を有するような道路は、いわば賑わい支援型道路といえます。

イベントも開催される多目的広場として再整備された門司港駅前広場（北九州市門司区）

広島県呉市では、それまで中心市街地の各所にばらばらに出ていた屋台が、市道宝町本通線（蔵本通り）の整備に合わせて蔵本通りの歩道上に集められましたが、その際呉市によって屋台用の電気と上下水道の設備がベンチの下に整備されました。屋台が並んだこの通りは「赤ちょうちん通り」と呼ばれています。

また、福岡市でも、屋台用の上下水道や電気設備がそれぞれ屋台の組合、福岡市下水道局や電力会社によって道路占用許可を受け、歩道に設置されているところがあります。

屋台用の水道栓（写真左側）、汚水桝（写真中央）、電気設備（写真奥）が設置されている歩道　（福岡市中央区　天神地区）

ベンチの下に屋台用の上下水道、電気設備が収納されている

屋台が並ぶ赤ちょうちん通り

（広島県呉市　蔵本通り）（写真提供：広島県呉市）

仙台市一番町のショッピングモールなどでは、たなばた飾りの竹竿を支える設備が道路内に設けられています。たなばた飾りを安全に設置できるようになっていて、維持管理は地元商店街が行っています。

竹竿を支える道路内の設備を使用して飾られているたなばた飾り

たなばた飾りの竿を設置するための設備
（仙台市青葉区　東一番丁通り）

イベント等の開催頻度が高く、地域の理解が得られている道路などについて、感動を与える舞台づくりのみちづくりとして、関係者が様々な工夫をしていくことも大切ではないでしょうか。

第1章　参考文献

①　道路構造令の解説と運用：(社)日本道路協会、2004
②　横安江町商店街地区歩けるまちづくり：金沢市、2006
③　プレーゴインフォメーション：(株)金沢商業活性化センター
④　UDC年次報告2002　都市公共空間のにぎわい利用に関する研究「オープンカフェの事例と制度」
：(財)都市づくりパブリックデザインセンター、2002
⑤　平成17年度日本大通りオープンカフェ社会実験事業及び日本大通り活性化委員会の概要
：日本大通り活性化委員会、2006
⑥　道の一句：黛まどか・三重県俳句協会、PHP研究所、1999
⑦　ヘブンアーティスト（街のなかにある劇場）に関する記述
：東京都生活文化局HP（http://www.seikatubunka.metro.tokyo.jp/bunka/heavenartist/）より
⑧　道を利用した地域活動の円滑化のためのガイドライン（平成17年3月）
：国土交通省（道路局）HP（http://www.mlit.go.jp/road/road/century/guide_line/1pdf/guid.pdf）より
⑨　日本の道100選〈新版〉：国土交通省道路局監修・「日本の道100選」研究会編著、ぎょうせい、2002
⑩　都市デザイン―横浜　その発想と展開：SD編集部編、鹿島出版会、1993
⑪　まちなか公共空間利活用制度について：浜松市、2006
⑫　シビックデザイン　―自然・都市・人々の暮らし―：建設省中部地方建設局シビックデザイン検討委員会編、
大成出版社、1996

第２章　「スロー」：ゆったり歩けるみちづくり

2-1 「スロー」のみちづくりの基本的視点

増大する自動車交通への対応に追われた形の道路整備は、結果として歩行者を隅に追いやり、道路上の主人公を車に変えてしまいました。そして、自動車利用の急速な進行は、経済的な成長や活動範囲の拡大などをもたらしましたが、一方で、人々の生活空間から安全やゆとりなどを奪い去っていったともいえます。

道路整備が進むにつれ、歩道などの整備にも力が入れられるようになりましたが、まだまだ十分とは言えず、歩行者空間の充実が重要な課題となっています。こうしたなか、時代に取り残された感のある路地は自動車が入ってくることが少なく、ゆっくり歩き、くつろげる道路として見直されてきており、また、自動車から自転車への転換など、自転車についても環境にやさしい主要な交通手段の一つとして関心が高まってきています。

改めて、自動車よりもまずは歩行者が、そして自転車が優先されることを明確にし、これからは自動車ではなく人が主役であるという観点から、ゆったり楽しみながら歩くことができる、また、自転車が快適に走行できる道路空間づくりを進めていくことが重要となっています。加えて、急速な高齢化が進むなか、高齢者や障害者などすべての人が安心して移動できる道路空間づくりが大切になってきています。

ここでは、溜まり楽しむ「ステイ」に対して、安心して快適に移動できる、人が主役の「スロー」のみちづくりについて考えていきます。

2-2 「スロー」のみちづくりに向けた三つの提案

「スロー」のみちづくりについて、「歩行者が主役の道路空間をつくる」「自転車にとって快適な道路空間をつくる」「ユニバーサルデザインで道路空間をつくる」という三つの視点から提案を行います。

(1) 歩行者が主役の道路空間をつくる

① 路地の保全

まちの中には、家と家に挟まれたような狭い道路（通路）が残っているところがあり、路地あるいは横丁と呼ばれていますが、沿道には古い木造の住宅などが建ち並び、縁台があったり、軒下には植木鉢が置かれていたりします。また、飲食店などが肩を寄せるように並んでいるところもあります。自動車もめったに入って来ませんから、静かでゆったり歩き、くつろげる空間となっていて、人はなぜか惹かれ、ほっとした感覚を覚えます。ヒューマンスケールの空間であることが、生活の香りが漂う、郷愁を覚える空間となっているといえます。

このような路地を自動車に煩わされることなく、安心して快適に歩ける空間として改めて見直し、大切にしていってはどうでしょうか。

狭いながらも豊かな路地空間をつくっていくためには、石畳など道路（通路）としての路地の保全や整備とともに塀や生垣の整備、建物の意匠・形態への配慮など沿道と一体的な整備を行っていくことが重要であり、また、そこに人が暮らし続けていけることが基本となることから、住環境の整備改善、防災対策、周辺での道路整備などを進めていくことが必要となります。そして、そこに住む人々を中心に路地空間が適切に維持管理されていくことが、豊かなコミュニティのもとで豊かな路地空間が形成されていくことになるのではないでしょうか。

東京都新宿区の神楽坂地区は、石畳や沿道の料亭の黒塀など、落ち着いた雰囲気の路地空間が今も残されているところで、多くの人が散策などを楽しむ地区ともなっています。平成6年に「伝統と現代がふれあう粋なまち―神楽坂―」をまちづくりの目標とする「神楽坂まちづくり憲章」が策定され、平成9年度からは街なみ環境整備事業を導入して、区と地元の協働によるまちづくりが行われてきていますが、近年、高層マンションの建設などもあり、街並みの保全などの課題が生じてきています。このため、現状の任意的なまちづくり協定では限界があることから、路地の保全も含め、神楽坂らしい粋な街並みを保全、創出するための地区計画の策定にむけた検討が、地元町会や商工会の代表者などとともに進められてます。

石畳と黒塀の落ち着いた雰囲気の路地空間
（東京都新宿区神楽坂　かくれんぼ横丁）

大阪市の法善寺横丁では、二度の火災に見舞われましたが、「横丁の風情の再生」を目標に復興が進められ、建築基準法の特例で、既存の建築物を含む複数の建築物について、それらの敷地を一つの敷地とみなして建築規制を適用する連担建築物設計制度により、路地（幅員2・7メートル）を保全し、狭い石畳の路地の両側に小料理屋やバーなどが軒を並べる昔ながらの風情を守りながら再建されることになりました。

この制度の適用にあたっては、耐火建築物とすること、3階の外壁は道路中心より3メートル後退し、避難のためのバルコニーを設置することなどが基準として定められており、また、法善寺横丁の景観に配慮した建築物の意匠とすることなどの建築協定も締結されています。

飲食店が軒を並べる昔ながらの路地空間に復興された法善寺横丁（大阪市中央区）

伝統ある町屋が連なる西陣の路地（京都市上京区紋屋町）

路地に限ったことではありませんが、路地だけを考えるのではなく、路地空間を生活空間として捉え、路地の維持管理はもちろん、沿道の建物のあり方、人々の生活のあり様など総合的なみちづくり、まちづくりの視点を持って、路地を考えていくことが大切であるといえます。

②　歩行者空間の充実

歩行者にとって安全で快適な空間を確保していくことは、歩行者が主役の道路空間づくりの基本であり、様々な方法により歩行者空間を充実していくことが必要です。その際、出発地と目的地との間が安全、快適な空間で結ばれているといった連続性が確保され、また面的にも歩行者空間ネットワークが形成されていることが重要です。

まずは、自動車が通行できない歩行者のための道路である歩行者専用道路（あるいは自転車歩行者専用道路）を整備する方法があります。ニュータウンや既成市街地でも土地区画整理事業などにより面的に整備する場合には、計画的に歩行者専用道路を整備することが可能であり、通勤、通学、買い物、散歩など様々な目的を持った人々が、自動車に煩わされることなく安心して快適に歩ける空間となります。

また、第1章「ステイ」で述べた歩行者優先の歩車共存の道路も歩行者空間の充実に繋がります。

横浜市の港北ニュータウンでは、歩行者専用道路や緑道が体系的に整備されており、これらが幹線道路と交差する箇所を立体交差化することで、自動車交通から分離された歩行者空間ネットワークが形成されています。

一般の道路では、十分な幅員を有する歩道を確保していく

（タウンセンター地区の歩行者専用道路）

（一般住宅地区の歩行者専用道路）

安全、快適な歩行者専用道路や緑道がネットワークとして整備されているニュータウン（横浜市　港北ニュータウン）

ことが重要であり、新たに道路を整備する際には、歩行者交通量などに応じてバリアフリーや快適性にも配慮した広幅員の歩道として整備していくことが必要です。一方、既に道路が整備されていて沿道に建物が建ち並んでいるような場合には、沿道の土地を取得して歩道を拡幅する方法もありますが、沿道の土地所有者に道路沿いの敷地を提供してもらい、歩道と同じように整備し、活用していく方法があります。これについては、第3章「フュージョン」で述べることとします。

香川県高松市の太田第2土地区画整理地区のシンボル道路となっているレインボーロード（市道福岡多肥上町線）は、歩道の幅員が11メートルと広く、光、水、花、風の四つのテーマに沿って、モニュメント、せせらぎ、ベンチ、樹木や野草などが配置されていて、歩行者がゆっくり歩いて楽しめる魅力的な空間が形成されています。

さらに、道路空間の再構築により歩道を広げていく方法があります。バイパス整備などによって自動車交通が転換し、その道路の車道に余裕が生じた場合など、たとえば4車線の車道を2車線に縮小して歩道を拡幅するというものです。この考え方は、自動車交通量の動向を踏まえて道路の幅の使い方を見直し、既存の道路空間をより有効に活用していこうというものであり、今後取り組んでいくべき方法の一つといえます。

無電柱化（裏配線）され、ストリートファニチャーも充実した、ゆったり歩ける広幅員の歩道（香川県高松市松縄町、伏石町　レインボーロード）（写真提供：香川県高松市）

福島県郡山市の都市計画道路郡山駅庚坦原線（郡山駅前大通り）では、6車線の車道を4車線に縮小し、歩道の拡幅及びバスベイ、タクシーベイ、荷捌きスペースを設置する整備が行われました。これは並行する都市計画道路大町横塚線が整備されたことに伴い、自動車交通の一部が転換することによって可能となったものですが、4車線化の社会実験やまちづくり協議会の開催など、地元との協働によるシンボルロード整備事業として進められてきており、電線類の地中化や沿道商店街による老朽化したアーケードの改築なども行われています。

また、愛媛県松山市では2003年（平成15年）の社会実験などを経て、通過交通量が多い商店街のロープウェイ通り（市道一番町東雲線）において、観光客や来街者の増加による活性

車道を縮小し、ゆとりある快適な歩行空間が創出された道路（福島県郡山市　郡山駅前大通り）（写真提供：福島県県中建設事務所）

（整備後）

（整備前）

将来のトランジットモール化も考えて、車道を狭めて歩道を広げ、全体的に平坦な路面として整備された道路

（愛媛県松山市　ロープウェイ通り）（写真提供：愛媛県松山市）

化を図るため、約５００メートル区間について将来的なトランジットモール化や適正な自動車交通量の配分も考えながら、車道を2車線（一方通行）から1車線に縮小し、歩道を拡幅する整備などが行われました。また、併せて無電柱化や沿道建物のファサードの改善等の景観整備も行われています。

③　自動車のいない空間づくり

歩行者が主役の道路空間づくりを進めていくにあたっては、面的なネットワークを形成するように取り組んでいくことが重要ですが、中心市街地全体を歩行者が主役の区域（歩行者ゾーン）にしていこうという考え方があります。歩行者天国のように一つの通りだけとか曜日、時間を限ってということではなく、ゾーン全体を常に一般の車両の進入を制限し歩行者にとって安全で快適な空間にしていこうとするもので、少子高齢社会の到来や地球環境問題などの課題に対応して、持続可能な社会をつくっていこうという観点からも重要な考え方といえます。

そのまちの中心的な商店街周辺など人が多く集まる地域で、その外周を幹線道路で囲まれた地区を「歩行者ゾーン」として設定するのが一般的ですが、まちの特性に合わせていろいろな設定の仕方が考えられるでしょう。ゾーン内ではバスや路面電車などの公共交通機関は通行できる(トランジットモール)ようになっていて、公共交通機関の場合はゾーンの外からそのままゾーン内に進入できますが、郊外などから自動車で来る場合には、ゾーンの外周部に設けられた駐車場（フリンジパーキング）に駐車し、そこからは徒歩や公共交通機関で移動するということになります。

また、住宅地においては、行き止まりの道路（クルドサック）やループ状の道路などの整備、あるいは面的な一方通行規制の導入などにより、その住宅地に用のない車の通り抜けを排除して、歩行者優先のゾーンをつくっていく方法もあります。

ドイツ南西部、ライン川沿いに位置するフライブルグの都心部では、約40ヘクタールの自動車進入禁止区域（歩行者ゾーン）が設定されていて、歩行者が主役のゾーンが形成されています。区域内は許可を受けた車以外は通行することができず、徒歩、自転車と公共交通機関（路面電車）が移動手段となっており、安全、快適な歩行者ゾーンとしてショッピングを楽しむ人など、多くの人で賑わっています。

自動車進入禁止区域の設定に際して、区域内の商店主から強い反対がありましたが、実施した地区では賑わいが増し、売り上げも増加したことから地元からの要望も受け、実施地区も順次拡大されてきました。

我が国では、このような幹線道路も含んだ面的な歩行者ゾーンが形成されているところはありませんが、岐阜県岐阜市の中心商業地である柳ケ瀬地区（アーケード街）では、幹線道路に囲まれた面積約8ヘクタールの区域が歩行者ゾーンとなっており、常に一般車両の通行が禁止されています。岐阜市では柳ケ瀬地区から岐阜駅周辺地区に至る地域について、通過交通の排除も念頭においた、歩行者や自転車交通中心のまちなか回遊ゾーンの形成を目指していくこととしています。

自動車の進入を禁止することにより、歩行者が安全、快適に楽しめる都心部の道路空間（ドイツ・フライブルグ　Kaiser - Joseph 通り）（写真提供：佐藤哲也氏）

面的な歩行者ゾーンが形成されている中心商店街（岐阜県岐阜市　柳ケ瀬地区）

また、東京都目黒区の東急線自由が丘駅を中心とする面積約8ヘクタールの区域では、休日・祭日の午後3時から午後6時までの間、一般車両の通行が禁止されています。

中世の歴史的な町並みを保全している欧州の都市の中心市街地は、狭い道路が多く、駐車場の確保も困難であるなどの背景もあり、このような施策が導入されているともいえますが、歴史的な町並みの保全と自動車ではなく徒歩や公共交通機関による移動を市民が選択した結果であり、都市の状況が異なるとはいえ、我が国でも中心市街地などへの自動車流入制限について幅広く議論をし、今後、積極的に取り組んでいく必要があるのではないでしょうか。

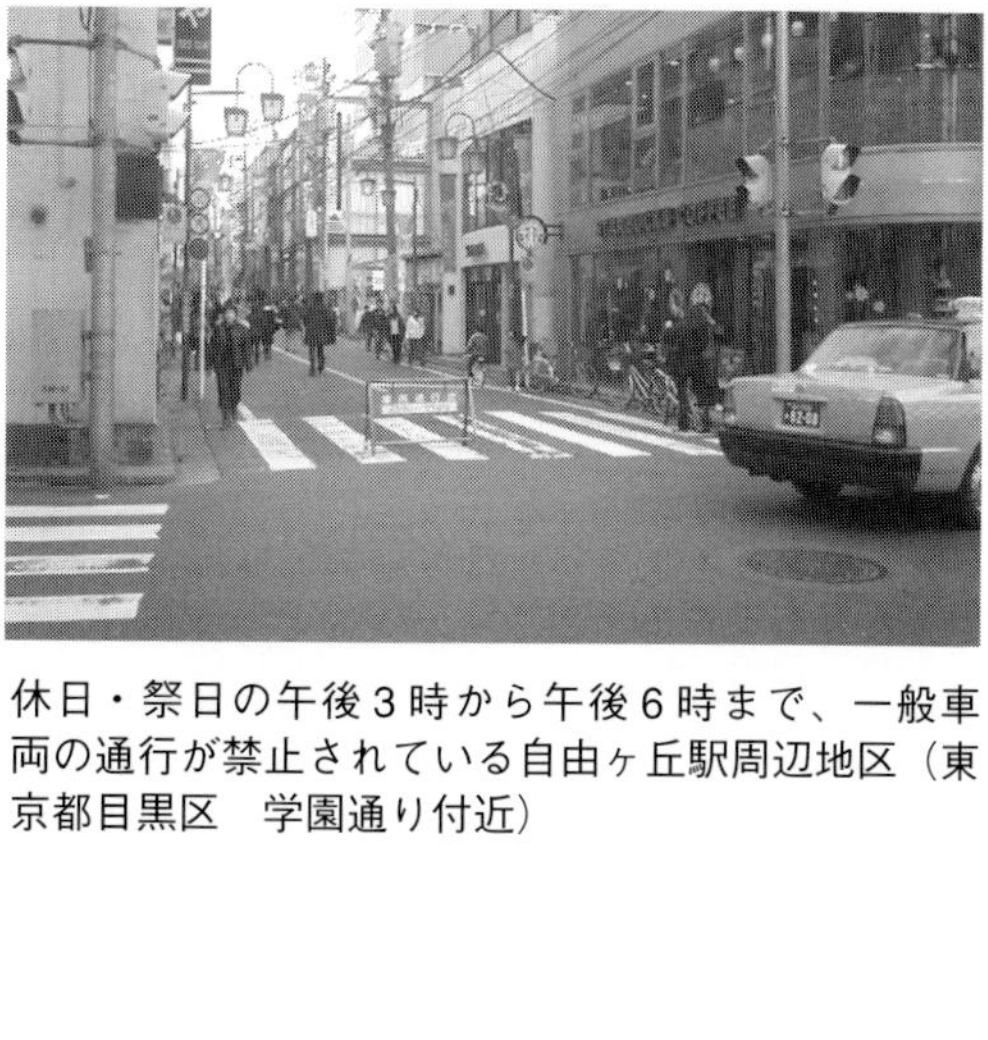

休日・祭日の午後３時から午後６時まで、一般車両の通行が禁止されている自由ヶ丘駅周辺地区（東京都目黒区　学園通り付近）

(2) 自転車にとって快適な道路空間をつくる

① 自転車走行空間の整備

近年、自転車が排気ガスを出さないなど環境にやさしいことや健康増進に役立つこと、自動車に比較して低コストであることなど、多くの利点を有する交通手段として注目を集めています。

自転車は道路交通法で軽車両に分類され、自動車と同じ車両の一つという位置付けになっています。このため、車道の左端通行が原則で、自転車道がある場合はそこを、また、歩道の場合は自転車通行が認められている歩道に限り歩行者優先で通行することができるようになっています。しかしながら、自転車のための走行空間が十分整備されていない現状では、幹線道路の車道を走行する場合、自動車を気にしながら、また路上駐車などがあると道路の中央側に大きくはみ出して走行しなければならず、あまり安全とは言えません。一方、車道では弱者の自転車も、歩道を走行する場合には歩行者と交錯することがあり、歩行者を脅かす強者の存在となってしまい、こうした歩道上での危険な走行や放置自転車など自転車利用に関するマナーの問題も指摘されています。

自転車は通勤、通学、買い物など多くの場面で使われていますが、環境にやさしい自転車利用を推進するとともに徒歩や自動車との適切な分担による道路交通の円滑化を進めていくために、自転車を主要な交通手段の一つとして位置付け、今後一層活用していくことが必要となっています。このためには、安全、快適な走行空間を確保していくことが重要であり、自転車専用道路として整備するか、一般の道路の場合は歩道、自転車道、車道がそれぞれ独立した形で整備されることが望ましいといえます。このことは安全性が確保される範囲で、自転車の持つ走行速度がより活かせるようにもなり、主要な交通手段としての活用範囲が拡がることに繋がるものと考えられます。

まずは、自転車専用の走行空間としての自転車専用道路（あるいは自転車歩行者専用道路）を整備していくことが挙げられます。ニュータウンなどでは計画的に整備されているところがあり、鉄道の廃線敷や河川堤防などを利用して整備されているところもあります。

オランダ中央部のユトレヒトの近くに位置するハウテンは自動車に依存しない街づくりを目指して建設されたニュータウンで、ニュータウン内の交通手段は自転車と徒歩が中心になっています。自動車の動線と自転車の動線は基本的に分離されており、鉄道駅（ハウテン駅）を中心に幹線自転車道（幅員3～4メートル）が、さらに支線の自転車道がニュータウン内にくまなく配置されていて、安全、快適に自転車で走行できるようになっています。

また、新たに道路を整備する場合には車道と歩道の間に空間的に分離された形で自転車道を整備していくことが望まれます。既存道路で自転車道を確保する場合には、道路空間の再構築として自動車交通量の動向を踏まえ、車道を縮小して自転車道を確保する方法や路肩を自転車道に転換する方法があります。さらに自転車の通行が認められている歩道（自転車歩行者道）では、舗装の色や柵などにより歩行者と自転車の通行空間を区分することが大切です。

岡山県岡山市では、２００５年（平成１７年）に開かれた岡山国体に合わせ、市道奉還町駅元町２号線と国道５３号についてユニバーサルデザインを取り入れた再整備が進められましたが、このなかで、岡山駅西口から岡大入口交差点付近（岡山国体のメイン会場となった岡山県総合グランド付近）は、自転車交通量が多いことから、歩行者および自転車の円滑な通行を確保するため、自転車走行空間の整備が行われました。市

車道を縮小し、縁石により車道と分離した構造で整備された自転車道（岡山県岡山市市道奉還町駅元町２号線）（写真提供：岡山県岡山市）

植樹によって歩道と分離され、東西方向の緑地帯と平行して整備されている安全、快適な幹線自転車道（オランダ・ハウテン）（写真提供：新田保次氏）

道の岡山駅西口から清心町交差点間においては、車線数は変えずに車道幅を縮小して、片側に幅員2メートルの自転車道が縁石を設置することで車道と構造的に分離された形で整備されました。同様に、清心町交差点から総合グランド間の国道53号においても幅員2メートルの自転車道が整備されました。

また、自転車歩行者道の場合、宮崎県宮崎市の国道220号（橘通り）では植栽帯により、仙台市の国道4号（東二番丁通り）では防護柵により歩行者空間と自転車走行空間が分離されており、さらにどちらも舗装の色を変えて利用者が視覚的にもわかりやすいように工夫されています。

歩行者と自転車の走行空間を植栽で分離している自転車歩行者道（宮崎県宮崎市　橘通り）（写真提供：国土交通省宮崎河川国道事務所）

歩行者と自転車の走行空間を防護柵で分離している自転車歩行者道（仙台市　東二番丁通り）

フランス・パリでは、欧州の他都市に比べ遅れている自転車利用を促進するため、２０１０年を目標年次とするパリ市自転車道整備基本計画を２００３年に策定しており、これに基づき、広幅員歩道上や車道の歩道側路肩部分での自転車道の設置の他、地下鉄の高架下の活用やバス専用レーン内の走行を許可するなどの方法により、自転車走行空間の整備が進められています。さらに、広幅員幹線道路の車道を縮小しての自転車道整備がパリ北東部の数箇所で実施されていますが、これは自転車道だけでなく、歩道や駐輪施設、配送用駐車スペースなども併せ総合的に整備するものとなっています。

セーヌ川沿いの広幅員歩道を利用して整備された自転車道（フランス・パリ市７区　ヴォルテール河岸通り）

（整備前）

（整備後）

車道を縮小して自転車道や駐輪施設が整備されたマジェンダ通り
（フランス・パリ市10区）

自転車走行空間も、歩行者空間と同様にネットワークが形成されることが大切です。自然公園、名勝、観光施設、レクリエーション施設を結ぶ大規模自転車道の整備も進められてきましたが、特に市街地部では多様な整備手法を活用するとともに我が国の道路の線密度（一定の地域の道路総延長を地域面積で除したもの）の高さを活かして、面的にも連続性を有する安全で快適な自転車走行空間を確保するよう取り組んでいくことが重要です。

② 自転車が利用しやすい環境づくり

自転車を利用しやすいものとするには、走行空間の整備と併せて自転車駐車場（駐輪場）の確保や共同利用など自転車利用の仕組みを工夫することも重要です。

鉄道駅周辺をはじめとして駐輪場の整備は精力的に進められてきていますが、駐輪場が駅などの目的の施設や場所から離れているとあまり利用されず、結果として放置自転車が後を絶たないということになってしまいます。自転車駐車場附置義務条例を定めている市町村も増えてきましたが、目的の施設に近接したところに駐輪場を整備することの必要性は言うまでもありません。用地確保が困難な場合は、建築物との一体的整備、高架下空間の利用や自動車駐車場の一部を駐輪場に転換するなどの工夫が必要でしょう。

また、駅周辺等における放置自転車対策を行うことが急務であることから、歩道上に道路管理者等が駐輪場を設置できるようになりましたが、設置にあたっては、歩行者等の通行を阻害しないよう歩道の有効幅員を確保することや景観面での配慮が大切となります。さらに、駐輪場の利用率を高める取り組み、例えば駐輪場の位置や満車かどうかの情報を利用者へ適切に提供するといった利用しやすいシステムの導入も重要です。

名古屋市中区の国道１９号（伏見通り・若宮北交差点～日銀前交差点）では、歩行者や自転車の円滑な通行の確保や違法駐車の排除などを目的として実施された社会実験の成果を踏まえて、幅員５０メートルの道路を有効活用していくこととなっています。

その一環として、片側5車線の車道のうち中央分離帯、付加車線を見直して生み出される空間を、バリアフリーに配慮した歩道、自転車通行帯（幅員2メートル）、駐輪場および貨物の積み卸し用の駐車スペースとして再整備する工事が進められています。新たに設けられる駐輪場へは自転車通行帯側から出入りする構造となることから、歩行者と自転車が明確に分離されることになります。

中央分離帯、付加車線を見直して整備される自転車通行帯とそこからのみ出入りするようになる駐輪場（完成イメージ）（名古屋市中区　伏見通り）（写真提供：国土交通省名古屋国道事務所）

ところで、現在の自転車の使われ方をみると、たとえば通勤の場合、朝、駐輪場に止められた自転車は、夜までずっと駐輪したままという状態になっていますが、その自転車が昼間に活用できるようになると、自転車の効率的利用に繋がるのではないでしょうか。駐輪場のスペースや放置自転車を減少させることにもなります。

そうした観点からは、自転車の共同利用を推進していくことが重要となります。これまでも各地でレンタサイクルの取り組みが行われていますが、地方公共団体や民間企業により、幅広い利用目的（通勤、通学、業務、観光・レクリエーション等）や利用形態（1回限り、あるいは継続（定期）利用）にも対応できるサービスも実施されてきています。借りる自転車はその時々で異なるものとなりますが、通勤および帰宅などに継続してレンタサイクルを利用する場合は、会員制（登録制）となっており、一人一人が自転車を所有しない自転車の共同利用システム（サイクルシェアリング）となっているといえます。また、情報通信技術の発展により、自転車の効率的運用や盗難防止対策などを円滑に実施できる環境は整ってきており、まちのあちこちにレンタサイクルや共同利用のためのちょっとした駐輪場が設置されていれば使い勝手も良くなり、自転車利用も増加していくことが期待されます。

関西圏のＪＲ西日本沿線では、主に通勤、通学で自転車を利用する人を対象とした共同利用型のレンタサイクルが民間企業によって実施されており、２００６年（平成１８年）１０月現在、約４２００人の人が利用しています。利用者は駅近くにあるレンタサイクルの営業所（１６箇所）で自転車の借り出し、返却を行うことになりますが、ある人が自宅から駅まで使用した自転車を、別の人が駅から会社まで使用するといったように、一台の自転車を複数の人が利用することになるもので、利用者にとっては自分の自転車を持つ必要や駐輪場を確保する必要がないというメリットがあり、利用料金も周辺の駐輪場と同程度に設定されています。一方、事業者にとっても通常の駐輪場のような、各人が自転車を出し入れするための通路が不要となることなどから、営業面積が少なくて済むといったメリットがあります。

一番手前の自転車を貸し出し、一番手前に返却する方法により、狭いスペースで営業されている共同利用型のレンタサイクル（兵庫県伊丹市　JR 伊丹駅前）

(3) ユニバーサルデザインで道路空間をつくる

ユニバーサルデザインとは「あらかじめ障害の有無、年齢、性別、人種等にかかわらず多様な人々が利用しやすいように都市や生活環境をデザインする考え方（障害者基本計画、２００２年（平成１４年）」とされていて、バリアフリー概念を拡張した考え方として広く使われるようになってきています。高齢者、障害者、大人も子供も安心して快適に移動できる道路空間づくり、すなわちユニバーサルデザインの道路空間づくりが重要となっています。

車椅子やベビーカーを押している人などが安心して通行できるようにするためには、まず幅の広い歩行空間を確保することが基本となります。そのことについては本章の⑴②「歩行者空間の充実」で述べましたが、併せて、歩道を狭めている違法な看板や放置自転車を撤去することや無電柱化を進めていくことも重要となっています。

また、移動空間ができるだけ平坦になるように歩道の段差の解消や勾配の改善も大切です。２００６年（平成１８年）に、公共施設や旅客施設等のバリアフリー化を推進する交通バリアフリー法と建築物のバリアフリー化を推進するハートビル法を一体化した「高齢者、障害者等の移動等の円滑化の促進に関する法律（バリアフリー新法）」が制定されましたが、このなかで移動等の円滑化が特に必要である道路について、新設または改築を行うときは「移動等円滑化のために必要な道路の構造に関する基準」に適合するように整備することが義務付けられています。この基準では歩道の構造を、歩道面を車道面より若干高くし、縁石を歩道面より高くしたセミフラット形式とすることを基本としており、横断歩道接続部へのすりつけがゆるい勾配となるように、また、沿道への自動車の出入りのための歩道の切り下げの影響が少なくなるように配慮されています。

区画道路との交差部や車の出入り口における切り下げもなく、段差のないバリアフリー歩道として整備された幅員 7.5 メートルの広幅員歩道（京都市下京区　国道９号丹波口付近）

さらに、区画道路との交差部等において歩道に段差が生じる場合、横断歩道部を歩道と同程度の高さとすることで段差を解消し、併せて区画道路におけるハンプとしての機能も持たせる「スムース横断歩道」として整備する方法もあります。

(千葉県印旛村　千葉ニュータウンいには野)

(東京都東村山市　富士見町地区)

歩道と同程度の高さにすることで段差がなく、またハンプの機能をもったスムース横断歩道

ところで、近年、横断歩道橋が撤去される事例がいくつかでてきています。横断歩道橋は、交通事故が急激に増加してきた昭和40年代を中心に、交通安全対策上の緊急措置として全国的に整備され、交通安全の確保に貢献してきましたが、横断歩道橋が沿道の施設の2階部分と接続している場合などは別として、単独で設置されている場合はバリアフリー化という考え方と相容れるものとはいえません。整備された時期から約40年が経過し、横断歩道橋の多くが更新時期を迎えつつあるこの時期に、人にやさしい平面移動を基本に再検討してみてはどうでしょうか。横断歩道橋が撤去された場合は、歩道の有効幅員が広がる

ことになり、また道路景観の改善にもつながります。横断歩道橋の利用動向や撤去した場合の横断ルート、交通安全対策など、地域住民も参画して関係者が議論を行い、検討していくことが必要です。

東京都では、管理している約６６０橋の横断歩道橋のうち、利用者が著しく少ないこと、近傍に横断歩道が設置されていることなどの条件に合致し、その役割を終えたと考えられる１８橋について、歩道幅員の確保、良好な都市景観の形成、維持管理費の削減等の観点から、平成１５年度以降、順次撤去を進めてきており、これまでに４つの横断歩道橋が撤去されてきています。

江戸川区北葛西の都道千住小松川葛西沖線（船堀街道）にあった行船（ぎょうせん）歩道橋は、１９６８年（昭和４３年）に設置されたものですが、現在では、通学路に指定されておらず利用者も少なく、また歩道橋から約３７メートルの位置に横断歩道があることなど、先の条件に合致することから地元の理解を得た上で、２００５年（平成１７年）に撤去されています。

また、視覚障害者のための誘導用ブロックの設置など、障害者の移動を支援するための設備を充実させることや、まちの中を快適に移動できるように、自分がいる場所や主要施設の位置、目的地まで

（撤去後）

（撤去前）

横断歩道橋の撤去により、その部分の歩道の有効幅員が広がり、また景観的にもすっきりとした道路（東京都江戸川区北葛西　行船歩道橋）（写真提供：東京都第五建設事務所）

の経路等に関する歩行者用の案内標識の設置やベンチ等の休憩施設を適宜配置することも大切です。

これらに関連して最近では、ユニバーサル社会の実現に向けて、社会参画や就労などにあたって必要となる移動経路、交通手段、目的地などの情報について、「いつでも、どこでも、誰でも」がアクセスできるユビキタスな環境をつくっていくための「自律移動支援プロジェクト」が国土交通省などで進められています。

このプロジェクトは、案内板、標識、視覚障害者誘導用ブロックなどに場所情報を発信するICタグなどの通信機器を設置して利用者の携帯端末との間で通信を行うことで、利用者が必要とする安全で安心な移動経路、交通手段の選択、目的地および周辺情報、緊急時の迂回ルートなどの情報を音声や画像でリアルタイムに提供するというものです。

神戸市内で、2005年（平成17年）7月から12月にかけて行われた、道路における自律移動支援プロジェクトの実証実験では、視覚障害者を対象とした音声による経路案内、車いす使用者を対象としたバリアフリールート案内、外国人や一般の人を対象とした店舗情報や観光情報の提供等に関するサービス実験が行われました。たとえば、視覚障害者を対象とした音声による経路案内では、視覚障害者誘導用ブロックに埋め込まれたICタグのデータを、白杖の先端にあるセンサーが読み取り、実験者が持っている携帯端末（ユビキタスコミュニケーター）を経由して、イヤホンから「二股の分岐です。直進は○○方面、右は△△方面です」といったアナウンスが流れてくるもの

白杖および首にかけた携帯端末を用いた、視覚障害者に対する音声による経路案内の実証実験（神戸市中央区　フラワーロード）（写真提供：国土交通省近畿地方整備局）

です。今後は、実用化を視野に入れた取り組みが行われる予定となっています。

ユニバーサルデザインのみちづくりにおいても、バリアフリー化された安全で快適な道路や移動支援システムの連続性が確保され、面的なネットワークが形成されることが重要であることは言うまでもありません。そうした観点からは、道路だけでなく建築物も含めた連続性についても取り組んでいく必要があり、道路と建築物の接続する部分についてのユニバーサルデザインも大切となります。

浜松市の浜北駅前広場（面積約３７００平方メートル）では、ユニバーサルデザインの考え方に基づいて、広場内の車道部分と歩道部分の段差をなくし、全面的に平坦に整備するとともに、広場に面する再開発ビルの出入り口や敷地内通路についても、歩道部分との段差をなくしているなど、全体がバリアフリー空間として整備されています。また、駅前広場の車道と歩道を区別するボラード（車止め）は、いつでも移動できるように工夫されていて、地域の祭りなどを実施する際には、ボラードを移動させて駅前広場や再開発ビルの敷地全体を会場として利用しています。

車道、歩道および周囲の建築物の出入り口などが同じ高さで整備され、段差のない連続したバリアフリー空間となっている駅前広場　（浜松市　遠州鉄道浜北駅）

急速に高齢化が進展するなかで、ユニバーサルデザインの道路空間づくりは、屋外での活動機会の増加にもつながり、多くの人の健康的な社会生活を支えていく上での基盤となるものといえ、積極的な取り組みが求められています。

第2章　参考文献

①　神楽坂区域まちづくりニュース第12号：新宿区都市計画部・地区計画部、2006
②　「法善寺横丁」への連担建築物設計制度の適用について：大阪市住宅局建築指導部、2002
③　レインボーロード：高松市都市開発部太田第2土地区画整理事務所
④　郡山駅前大通りシンボルロード整備事業：福島県県中建設事務所
⑤　海外報告　ドイツの都市交通〜フライブルグを訪れて〜：佐藤哲也、新都市　2006年7月号、(財)都市計画協会、2006・7
⑥　ぎふ躍動プラン・21に関する記述：岐阜市HP（http://www.city.gifu.lg.jp/）より
⑦　自転車利用促進のためのソフト施策：古倉宗治、ぎょうせい、2006
⑧　環境を考えたクルマ社会〜欧米の交通需要マネージメントの試み〜：交通と環境を考える会編、技報堂出版、1995
⑨　オランダの自転車交通政策とサイクルタウンの評価：新田保次、都市計画238　Vol.51／No.3、(社)日本都市計画学会、2002・8
⑩　オランダの自転車交通政策とサイクル都市「ハウテン」：新田保次・三星昭宏、都市問題　第83巻第5号、(財)東京市政調査会、1992・5
⑪　2005国土交通行政ハンドブック：国土交通政策研究会編著、大成出版社、2005
⑫　路上自転車・自動二輪車等駐車場設置指針について：国土交通省道路局地方道・環境課長通達、2006・11
⑬　都市型レンタサイクル「駅リンくん」の展開：(株)駅レンタカー関西
⑭　道路構造令の解説と運用：(社)日本道路協会、2004

⑮ 横断歩道橋の撤去に関する記述：東京都建設局第五建設事務所HP（http://www.kensetsu.metro.tokyo.jp/goken/chiki-joho/hodoukyou-tekkyo/hodoukyou-tekkyo.html）より

⑯ 自律移動支援プロジェクトに関する記述：自立支援プロジェクトHP（http://www.jiritsu-project.jp/）より

第3章「フュージョン」：都市空間に溶け込んだみちづくり

3-1 「フュージョン」のみちづくりの基本的視点

我が国では、自分の土地は自分の好き勝手に使える（もちろん様々な法的規制はありますが）と考える傾向が強くなっていますが、たとえば各人がそれぞれ立派なデザインの建物を建てたとしても、結果としてバラバラなデザインの建物が並んでいるとしたら、全体として見れば何かちぐはぐな印象を受け、決して良い景観とはいえないと思います。デザインを統一する、またオープンスペースの確保を隣地と共同して行うといった、その場所にふさわしいデザインや土地の使い方が行われたならば、一層すばらしい空間が生まれてくるのではないでしょうか。

同じことが道路とその沿道についても言えると思います。確かに公共の空間である道路と私的な所有地である沿道空間との間には厳然として境界線が存在します。しかし、お互いの境界部分の空間を連携させ、融合（フュージョン）させていくことができれば、快適で使い勝手の良い魅力的な道路及び沿道空間を形成することが可能になると考えられます。

また都市は、その発展とともに高度利用が進み、立体的な土地利用がされてきています。道路と建築物を一体的に整備する立体道路制度なども設けられてきましたが、道路と沿道の平面的（横方向）な連携のみならず､必要なところでは道路の上下空間との立体的（縦方向）な連携も一層進めていくことが望まれます。

さらには、駅前広場や交通機関を乗り換える場所など、交通機関相互の連携、融合を図る交通結節機能の強化も重要となっています。

そして、これらの平面的あるいは立体的に融合させる取り組みから、道路とその周辺の空間は、公のもの、私のものと分けて考えるのではなく、公だけでも私だけでもない皆の空間（共の空間）であるという意識が芽生えてくることが期待されます。その結果、より新しい機能や魅力も創出されてくるのではないでしょうか。

ここでは、道路とその周辺の空間を柔軟に融合し結び付けていく「フュージョン」のみちづくりについて考えていきます。

3-2　「フュージョン」のみちづくりに向けた三つの提案

「フュージョン」のみちづくりについて、「道路と沿道空間を融合させる」「道路空間を立体的に活用する」「交通結節点の機能を高める」という三つの視点から提案を行います。

(1)　道路と沿道空間を融合させる

道路と沿道では公共用地と私有地といったように、土地の所有者は異なっていますが、一体的なつくり方、使い方を工夫することで双方にとってメリットが生じるとともに、多くの人にとっても快適な空間とすることができます。また、道路景観については第４章「ローカル」で述べますが、道路を眺めたとき、車道、歩道、街路樹、交通標識など道路の中にあるものだけでなく沿道の建物、広告・看板や周りの自然なども目に入ってきます。したがって、良好な道路景観をつくっていくためには道路だけでなく、沿道も含めた空間を対象に一体的な整備を考えていくことが必要不可欠であるといえます。

まず、道路と沿道の土地（敷地）との一体的整備について考えてみましょう。

沿道の建物を道路境界からセットバックして建築してもらうことにより、沿道の敷地に、歩道に沿った形のオープンスペース（空間）が生まれることになります。その空間を歩道と同じように整備していくことで、道路側からみれば歩道が広がったようになり、より快適な歩行者空間が形成されることになります。一方、沿道の建物にとっても、その空間はゆとりをもったエントランス空間やウィンドーショッピングの場ともなり、また、このような空間が連続していけば、地区全体の魅力も高まっていくことになります。

こうしたセットバックは、これまでも数多く行われてきていますが、セットバックの方法としては、1階部分だけをセットバックする方法と建物全体をセットバックする方法があります。1階部分だけの場合、2階以上の壁面は道路と建築敷地の境界部分まで張り出す形となり、歩行者にとってはひさしがあるような状態にもなります。

横浜市中区の元町商店街では、地区計画（元町仲通り街並み誘導地区）によって各店舗の1階部分について道路境界から1・5メートルセットバックして建築する事が決められています。その結果、道路の歩道と合わせて約3・5メートルの歩行空間が確保され、ウィンドーショッピングを楽しんだり、ゆったりと歩くことが可能となっています。

新潟県上越市には総延長が18キロメートルにもなる雁木通

1階部分を壁面後退させて歩道と一体となった歩行者空間が整備された商店街（横浜市中区　元町商店街）

りがあります。雁木は、建物の軒からひさしを出し、その下を通路としたもので、雪が降っても通路が確保できるよう工夫されたものです。基本的には通りに面した各家々がセットバックして建築し、自分の土地を少しずつ提供し合うことによって歩道を兼ねたコミュニケーション空間が連なる雪国特有の建築物の形態といえます。

同様に地域特性を反映したものとして、台湾の台北市などでは、「騎楼（チロー）」と呼ばれる建物の1階部分がセットバックした空間があります。もともと雨の多い地域であることから雨よけの目的もあり、昔から建物に用いられてきた構造で、歩行者のための空間や屋台の設置場所ともなっています。

大阪市北区梅田のオオサカガーデンシティは旧国鉄梅田貨物南ヤード跡地を中心とする再開発として、土地区画整理事業によって整備された地区ですが、地区計画における壁面の位置の制限により、沿道の建物が道路境界からセットバックして建てられ、敷地内に歩道状の空地が確保されています。地区中央の都市計画道路西梅田線では、歩道部分の幅3メートルとセットバックによる幅10メートルの歩道状空地とが一体的に整

建物の１階部分がセットバックし連続した通路になっている騎楼（チロー）
（台湾・台北市）（写真提供：岸井隆幸氏）

積雪時にも歩行空間が確保できるようにそれぞれの家がセットバックしている雁木通り
（新潟県上越市　市道南高田町栄町線）
（写真提供：新潟県上越市）

備され、幅員13メートルのゆったりとした快適な歩行者空間が形成されています。また、それ以外のところでは、5メートルの歩道状空地と歩道とが一体的に整備されています。

都市計画道路の歩道部分の幅3メートルを緑地帯とし、壁面後退部分の幅10メートルとあわせて整備された幅13メートルの快適な歩行者空間

歩道と壁面後退（5メートル）により形成されたゆったりとした歩行者空間
（大阪市北区　オオサカガーデンシティ）

ところで、道路として歩道を整備していく場合においても、先に述べた建物の1階部分だけをセットバックする方法と同様に、歩行者空間として建物の1階部分のみの権利を取得して歩道を整備する方法も考えられます。道路は通風や採光の確保など、市街地における環境空間の役割を有しており、道路上空は開放されているのが基本ですが、その道路が概ね完成していて、歩道部分だけを広げる必要がある場合などには、用地取得について土地（建物）所有者の理解が得にくいことや投資効果などを勘案すると、この方法は合理的な手法であるといえます。この場合、土地（建物）所有者側は建物の2階以上の部分について道路境

界まで使用することができ、行政側は、歩道整備に要する用地費として、1階部分の権利に関する費用で済むことになります。ただし、この歩道部分を道路として整備することは現在の制度上困難となっていますので、道路と建築物の一体的整備（立体的な利用）を行う立体道路制度（本章（2）「道路空間を立体的に活用する」で詳しく述べます）の活用について、今後検討していく必要があると考えられます。なお、一定の立体的な範囲に限定して都市計画を定める立体都市計画制度を活用し、「通路」として整備することは可能となっています。

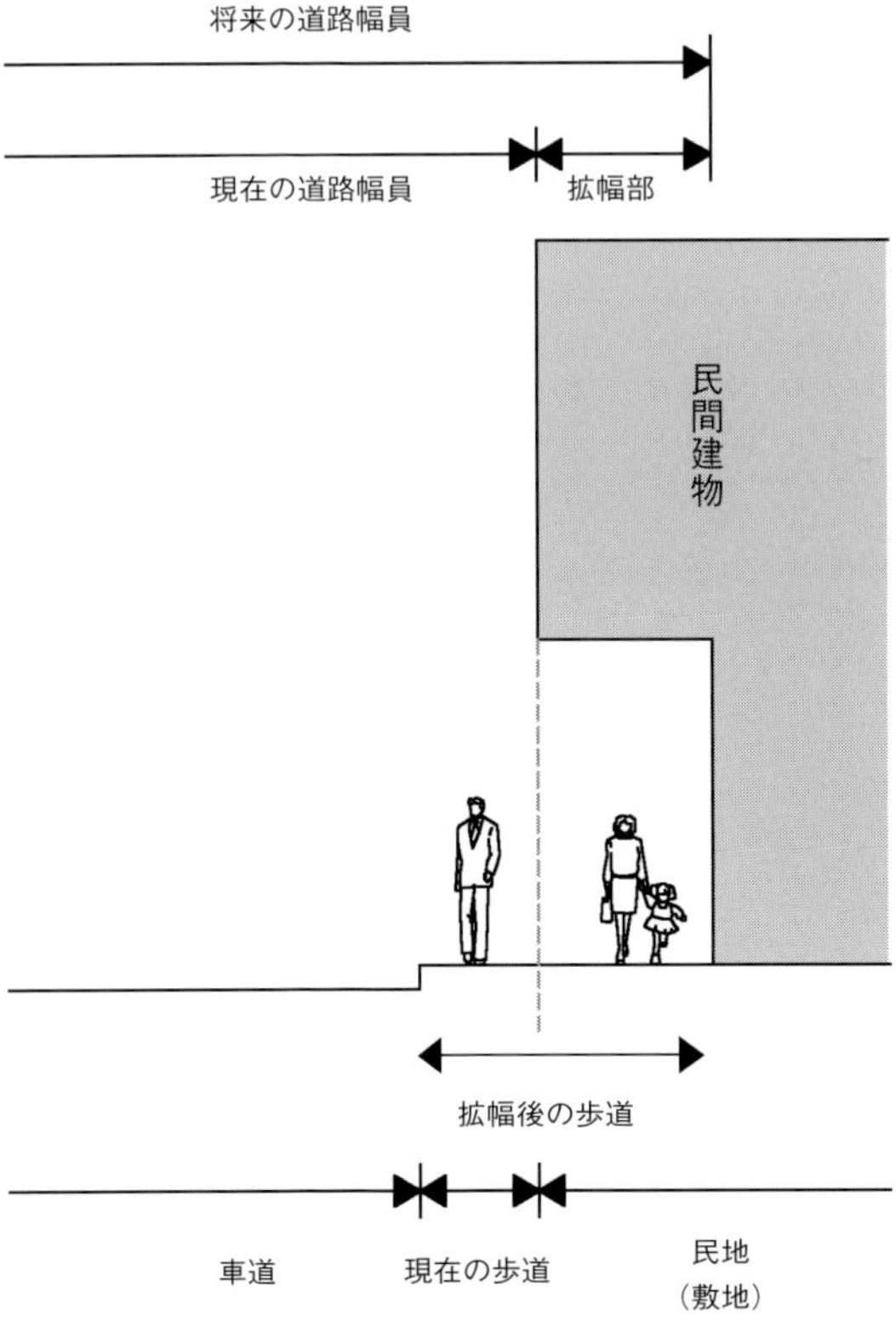

建物の１階部分に歩行者空間を道路として整備する場合のイメージ

また、道路と沿道において緑化が一体的に行われる場合、快適な歩行空間や良好な道路景観の形成に大きく寄与することになるでしょう。街路樹など道路の樹木や花と沿道敷地の樹木や花が一体的に整備されていれば全体として緑豊かな空間の形成に繋がることになります。沿道側の緑は道路の緑が増えたようになり、また、道路沿いの建物にとっては道路の緑は前庭のようにもなるでしょう。道行く人にとっても沿道に暮らしている人にとっても素敵な空間となるのではないでしょうか。

東京都国立市のＪＲ国立駅南口からまっすぐに南に伸びる大学通りは、幅約9メートルの緑地帯が両側にあり、歩道を挟んだ沿道側も積極的に緑化がなされていて、道路と沿道が一体となった緑豊かな道路空間が形成されています。この道路と沿道の一部は市の都市景観形成条例に基づく重点地区に指定されていて、並木に調和した街並みづくりや並木の緑を活かすためのルール等が定められています。

さらに、道路のなかには案内板、ベンチ、バスや路面電車の停留所・待合所など様々な物件や施設が設置されていますが、これらの施設について、利用する人の利便性や快適性が確保され、沿道側にとってもメリットがある場合には、沿道の敷地や建物のなかに設置することが考えられます。

道路と沿道の双方が緑化された緑豊かな通り
（東京都国立市　大学通り）

たとえば、バスや路面電車の停留所における待合空間が沿道の建物の一角にあれば、利用者は天候を気にすることなくゆっくりバスや路面電車を待つことができます。待合のためのスペースが沿道側で確保されることから歩道が広く使えることになり、道路側にとってメリットが生じますし、一方、沿道の建物が業務施設や商業施設である場合などは各施設の利用客へのサービスともなり、沿道側にとってもメリットが生じることになります。沿道側にもメリットがある場合には、敷地や建物を無償で利用させてもらうことも可能と考えられ、沿道敷地や建物を利用した待合空間の確保などを、バスなど交通事業者や沿道の土地（建物）所有者、行政機関など関係者が連携して検討していくことも大切です。

鳥取県鳥取市栄町にあるバス停留所の待合所は国道53号沿いの銀行の敷地内に設置されています。銀行の新築の際に、建物をセットバックして建築し、建物前面に明るい緑地スペースを確保するとともに、その中に待合所が整備されたもので、屋根があり、ベンチや公衆電話が置かれています。維持管理も銀行によって行われており、多くの人が利用しています。

また、第1章「ステイ」でも述べましたが、その通りを散策する人などがちょっと休憩できるような縁台やベンチを沿道の敷地や建物に付随して設置することが考えられます。

縁台には座布団も置かれている古い商家などが軒を連ねる通り（愛媛県内子町内子）（写真提供：愛媛県内子町）

民間敷地に設置されたバス停留所の待合所（鳥取県鳥取市栄町）

愛媛県内子町の重要伝統的建造物群保存地区に選定されている八日市護国の町並みの通りでは、民家の縁台に座布団が置かれ、訪れた人も休息できるようになっています。

このような沿道側の配慮あるいは心遣いは、そうした場所を提供する人、利用させてもらう人などの間の交流を生み出すことにもなり、道路空間の魅力を増すことに繋がるのではないでしょうか。

なお、沿道の敷地や建物に設置された並木や街灯、ベンチなどを、その所有者と協定を結んで道路管理者が道路と一体的に管理することができる制度が、新たに２００７年（平成１９年）に設けられました。

(2) 道路空間を立体的に活用する

① 道路と建築空間の立体的融合

稠密な土地利用が行われている市街地において、効率的な道路整備や高度な土地利用を進めていくためには、道路と建築物の平面的な融合だけではなく、立体的な融合についても考えていくことが必要です。

道路は皆が使う公共空間であり、その上下空間において私権の行使はできないとされており、限定的に認められているものを除き、原則として建築物等の建築は禁止されています。しかし、大都市地域などでは高い地価や代替地の取得難等の理由から道路用地取得が困難な場合も多いのが実情です。そこで道路整備を円滑に推進するとともに合理的な土地利用を促進するため、１９８９年（平成元年）に道路の上下空間における建築物の建築を一定の要件のもとに認め、道路と建築物の一体的整備を推進するための「立体道路制度」が都市計画法（都市再開発法）・道路法・建築基準法の改正により創設されました。

立体道路制度には、上記４法の関連条文を活用した、いわゆる狭義の立体道路制度と、建築基準法で道路内の建築が例外的に認められている建築物について、道路の立体的区域など道路法の関連条文のみを活用する、いわゆる広義の立体道路制度があります。どちらの場合も、新たに整備する道路が対象で、狭義の立体道路制度の場合は、自動車専用道路または特定高架道路等（高架道路など自動車の沿道への出入りのできない構造のもの）に限られています。なお、ペデストリアンデッキ、自由通路、スカイウォークのような高架の歩行者専用道路なども立体道路制度の対象となっており、また道路附属物である自動車駐車場、特殊道路であるモノレール道は広義の立体道路として建築物との一体的な整備が可能です。

立体道路制度を活用して道路と建築物を一体的に整備するメリットとしては、従来は移転が必要となった居住者や店舗がその場所で継続的に居住や営業が可能になること、用地取得費について道路として利用する部分のみの権利を取得することで道路整備が可能となることから、用地取得費が削減できること、大規模な道路整備における地域分断など市街地形成上の支障を解消できることなどが挙げられ、また、これらを通じて円滑な道路整備の推進に繋がることが挙げられます。

大阪市北区の阪神高速道路の梅田出口付近で、オフィスビルの中層部分を高速道路が貫通しています。これは、広義の立体道路制度により一体的に整備されたものですが、構造的に道路と建物が分離されている分離型になります。土地所有者は他の場所に移転することなく建築物を建てることができ、道路事業者は、用地費の節約が可能となりました。

立体道路制度を活用し、オフィスビルの中層階を貫通して整備された高速道路（大阪市北区　阪神高速道路梅田出路）（写真提供：阪神高速道路株式会社）

また、東京外かく環状道路が、埼玉県和光市の西大和団地の敷地の地下部分を通っています。これは、狭義の立体道路制度により、高速道路の蓋かけ上部に住宅を一体的に整備したもので、構造的には分離型となっています。立体道路制度の活用により、一団の住宅団地の地域分断の解消にも役立っています。

立体道路制度を活用し、蓋がけした高速道路の上に整備された住宅団地（埼玉県和光市　東京外かく環状道路と西大和団地）（写真提供：東日本高速道路株式会社）

立体道路制度を活用し、一体的に整備された高速道路ランプとターミナルビル（大阪市浪速区　阪神高速道路湊町出路と大阪シティエアターミナル）（写真提供：阪神高速道路株式会社）

大阪市浪速区の大阪シティエアターミナル（OCAT）も、立体道路制度を活用して、阪神高速道路湊町南出路とOCATの建物が一体的に整備されたものですが、分離型とは異なり構造的にも道路と建物が一体となっている一体型となっています。出路が建築物の1～3階の一部を通過し、出路の途中から建築物内のバスターミナルに直結しています。

さらに、東京都港区の都市計画道路環状2号線の整備にあたって、市街地再開発事業と一体的な道路整備を行うため、立体道路制度を活用して道路の上空および路面下に再開発建築物等の整備を行う計画が進められています。この再開発ビルには環状2号線の道路計画区域内に居住している住民も入居する予定となっています。

ところで、駅前広場などでは2階部分にペデストリアンデッキが整備され、周辺の建築物と接続している例もよく見られますが、建物所有者などの協力を得て、この歩行者空間が建物内の通路に繋がり、さらに道路を横断するペデストリアンデッキを経て、隣の建物の通路に繋がっていくというようになれば、利便性や快適性にすぐれた歩行者空間ネットワークが形成されるのではないでしょうか。また、地下空間に同じようなネットワークを整備することも考えられます。

立体道路制度を活用し、道路と再開発ビルとの一体的な整備が計画されている道路（東京都港区　環状２号線）（写真提供：東京都）

これらの歩行者空間は民間側で整備する場合と行政側で整備する場合がありますが、建物内と連続して歩行者空間ネットワークを形成する場合には、建物の建築計画との調整が重要となることから、あらかじめ歩行者空間ネットワーク計画を明示しておくことが必要であり、計画の一貫性を担保しておくためにも立体都市計画あるいは立体道路制度の活用が重要となります。

このような立体的な歩行者空間が整備されることにより、地上部の歩道などと併せて重層的な歩行者空間ネットワークが形成されることになります。

北海道千歳市のＪＲ千歳駅前では、駅西口の民間商業ビル（民間事業者が整備したバスターミナル機能を併設した複合ビル）の整備に併せ、市街地と駅とを結ぶことを目的として、商業ビル内を経て市街地に至る2階レベルの歩行者専用道路及び通路が整備されています。この商業ビル内の通路については、立体都市計画制度を活用して整備されたもので、「通路」として立体的な範囲が都市計画で定められており、整備費用は、商業ビル内の通路部分は民間事業者が、また商業ビルと駅舎及び市街地を連絡する歩道橋（歩行者専用道路）部分は千歳市が負担しています。

立体都市計画制度を活用して整備された商業ビル内の通路

商業ビル（写真中央）及び商業ビル内の通路に繋がる道路上空の歩行者専用道路
写真右側はＪＲ千歳駅

（北海道千歳市千代田町）
（写真提供：北海道千歳市）

神戸市中央区の三宮駅周辺では、道路に加え民間敷地や建物内の通路などを活用して、地上、地下及びデッキ（2階）レベルの三層の歩行者空間ネットワークが構築されています。これは昭和４０年代の三宮センター街を中心とする商業施設の再開発にあたり、防災性の強化や回遊性の確保を目的として計画され、順次整備されてきているものですが、阪神・淡路大震災後に都市計画決定された「三宮駅南地区地区計画」の地区施設の整備方針にも、この三層ネットワークの構築が位置づけられています。

②　高架下空間の活用

高速道路などの高架下空間も有効に活用していくことが大切です。

高架下については、事務所、店舗、倉庫、駐車場、公園などが道路占用許可対象とされていますが、これまでは利用抑制の方針が取られてきたことや、利用にあたって公共性、公益性が優先されることから、公園や駐車場としての利用が多くなっています。しかし、中には、１９７０年（昭和４５年）に阪神高速道路の高架下に整備された船場センタービルなどのように、占用許可制度などを活用して道路と建築物を一体的に整備した先駆的な事例もあります。なお、高架下に危険物などを保管、設置するようなものは占用が認められませんし、高架道路の周囲の道路の交通に著しい支障を及ぼす場合なども認められません。また、占用は、原則として道路管理者と同等の管理能力を有する者に一括して占用させることとされています。

高架下利用を検討するに際しては、高架道路周辺の土地利用や道路交通の状況、高架下空間の規模などを考慮する必要がありますが、地域の活性化や賑わいの創出などに高架下空間を積極的に活用してはどうでしょうか。２００５年（平成１７年）に「高架道路下占用許可基準」が改定され、街づくりの観点等からの積極的な利用も認められるようになりました。なお、相当区間連続して高架化されているところにつ

地下１階、地上、２階の三層の歩行者ネットワークが構築されている三宮駅周辺
写真は、駅前広場から商業施設に向かって道路上空をわたるペデストリアンデッキ
（神戸市中央区　三宮駅前）

いては、道路管理者が高架下利用計画を策定することとされています。

兵庫県川西市の阪神高速道路池田線の高架下に、市と阪神高速道路公団（現阪神高速道路株式会社）などによって公園（ドラゴンランド）が整備されています。この高架下の公園は面積が14700平方メートルあり、川西の説話として伝わる龍をモチーフにした長大遊具も設置されていて、雨天でも利用できる公園として多くの子供たちで賑わっています。

東京都板橋区の首都高速道路5号線の高架下で、2005年（平成17年）4月に、首都高速道路公団（現首都高速道路株式会社）、板橋区の後援を得て、市民グループの主催による「楽・市・道」と名付けられたイベントが行われました。長さ約180メートル、幅約15メートルの高架下と、隣接する見次公園とを一体的に活用して、賑わいのあるまちづくりを目指した高架下利用の社会実験として、フリーマーケット、コンサート、大道芸などの催しが行われました。今後、定期的な朝市の開催などが検討されています。

高架下空間を活用して開催された賑わいのあるまちづくりのイベント（東京都板橋区　首都高速道路5号線高架下）（写真提供：NPOトライアル）

龍をモチーフにした長大遊具が設置されている高速道路高架下の公園（兵庫県川西市小花2丁目　ドラゴンランド）（写真提供：兵庫県川西市）

高架下空間は市街地などにおける貴重な公共空間といえます。環境改善や活性化など地域にとって効果的な活用方法を道路管理者をはじめ関係者が積極的に検討していくことが重要です。

(3) 交通結節点の機能を高める

① 駅前広場における工夫

駅前広場は、鉄道と他の交通手段との結節点としての役割を担っており、駅前広場を利用する多くの歩行者、自動車、バスなどについて安全で円滑な交通処理ができるよう整備していく必要があるとともに、関連する交通機関の種類や交通量などを踏まえ、各交通機関が融合するように交通結節機能を高める工夫をしていくことが大切です。

まずは、駅に関連する交通機関を駅前広場に集約して整備することが、交通結節機能を高める上で重要です。たとえば、バスや路面電車の停留所が駅から離れた場所に位置している場合などは、乗り換えに不便であったり、駅周辺の交通混雑の原因にもなったりすることから、必要に応じて駅前広場を拡張整備し、駅前広場の中に移設していくことが望まれます。

また、乗降客数や関連する交通機関が多い場合などは、駅部の立体的利用を検討していくことも重要です。歩行者と車を立体的に分離し、2階レベルに歩行者用デッキを整備する駅前広場の事例も多くみられますが、各交通機関の乗り換え利便性を向上させるため、鉄道とバスあるいは新交通システムなどを垂直方向に重層的に整備する方法も考えられます。

愛知県豊橋市の豊橋駅東口広場では、駅前広場の整備に併せて、路面電車を駅前広場の中に延伸して、広場の外にあった停留所を広場内に移動させることにより、鉄道やバスとの乗り換えの利便性を向上させています。

北九州市のＪＲ小倉駅では立体道路制度を活用して、都市モノレール小倉線とＪＲ小倉駅ビルを一体的に整備し、ＪＲ小倉駅の上部にモノレールの小倉駅を設置することにより、鉄道とモノレールの乗り換え利便性の向上を図っています。また、小倉駅南北の駅前広場では、人と車を分離し、安全で回遊性の高い空間を確保するため、ペデストリアンデッキが設置されており、これらをつなぐ南北公共連絡通路も駅ビルと一体的に整備されています。

さらに、大都市地域においては、駅前広場が狭いか、ほとんど無い駅も多く見受けられますが、平面的に用地を確保して拡張しようにも地価が高く、建物が建て込んでいることから、駅前広場整備が困難な場合が多いのが実態です。こうした場合、駅前の建物の1階部分に新たにバスやタクシーの乗降場などを確保していくことが考えられ、先に述べた建物の1階部分に通

立体道路制度を活用して、駅ビルと一体的に整備された都市モノレール（北九州市小倉北区　北九州モノレールとＪＲ小倉駅ビル）（写真提供：北九州市）

路面電車を駅前広場内に延伸して、デッキで駅コンコースと直結し、乗り換え利便性の向上が図られた駅前広場（愛知県豊橋市豊橋駅東口）（写真提供：愛知県豊橋市）

路を整備するのと同じように立体都市計画制度を活用する方法があります。なお、この場合も現状では道路として整備することは困難であり、一般の「交通広場」として整備することになります。今後、立体道路制度の活用についても検討していく必要があると考えられます。

なお、駅前広場は交通結節点としての役割のほか、そのまちの玄関としての役割も有しており、環境空間としての機能に加え、まちのシンボル空間ともなることなどから、建築物の駅前広場の上空利用を広く認めていくことには課題も多く、駅の性格や駅前広場の現況、交通特性や周辺土地利用の状況などを踏まえ、十分な検討が必要です。

神戸市中央区の三宮駅前では、駅前広場に隣接した民間の商業業務ビルの1階に立体都市計画制度を活用してバスターミナル（約1300平方メートル）が神戸市によって整備されています。このバスターミナルは、「交通広場」として立体的な範囲が都市計画に定められており、駅前広場の既存のバス乗り場と併せて一体的なバスターミナルとして活用されています。なお、バスターミナルがある建物の1階部分については、神戸市の区分所有権が設定されています。

快適な待合室（写真右側）も整備されたバスターミナル

立体都市計画制度を活用して、１階部分にバスターミナルが整備された商業業務ビル

（神戸市中央区　三宮駅前）
（写真提供：神戸市）

一方、駅前広場の拡張が困難な場合などに、必要な交通処理を円滑に行うため、少し離れた土地を有効に活用する、いわば分離型駅前広場という整備の方法も考えられます。

この方法は、駅前広場から少し離れた場所にある空地などを活用して、タクシーやバスの待機のための交通広場を設けるものです。タクシーの場合は、駅前広場での利用客の到着状況などをタクシーが待機している場所に適切に連絡することにより、タクシーが待機している広場から駅前広場に移動することにすれば、駅前広場内のタクシーの待機スペースは必要最小限で済むことになります。

また、バスの場合は発車時刻が決まっているため、タクシーのような方法は採れませんが、降車後発車時刻までに時間的余裕がある場合の待機場所として、あるいは、駅前広場が混雑してなかなか広場内に進入できない場合の降車場所としての活用なども考えられ、駅前広場の効率的運用に繋がるものと考えられます。

福島県郡山市のＪＲ郡山駅西口では、駅前広場のタクシープール（45台）に入りきれないタクシーが周辺道路において駅前広場への進入を待つための行列をつくっており、

郡山駅東地区に設けられたタクシーの待機所

待機所には、駅前広場の状況を確認するモニターテレビが設置されている

（福島県郡山市横塚二丁目）
（写真提供：福島県郡山市）

これに伴う周辺道路の渋滞を改善するために、２００５年（平成１７年）１０月からタクシーの路上での待ち行列を解消するための社会実験が行われました。この実験は、駅前から約６００メートル離れた駅西側の市有地にタクシーの待機所（駐車台数５７台）を設け、駅前広場のタクシープールの空き状況を待機所に設置されているモニターテレビで確認しながら、一定台数ごとに駅前のタクシープールに移動するという方法で行われましたが、その結果を踏まえ、２００６年（平成１８年）１２月から駅東地区の市有地をタクシーの待機所（駐車台数７０台）とする恒久的な対策が同様の方法で実施されています。

②乗り換え利便性の向上

駅前広場に限らず、交通機関相互の乗換えの利便性を高めていくことが大切です。

郊外部などにおける路面電車とバスの乗り換えの場合では、それぞれの停留所をできるだけ近接させるという観点から、ホームでの乗換えができるように同じホームの片側に路面電車が、もう一方にバスが停車するといった停留所の整備方法があります。

富山県富山市の富山ライトレール岩瀬浜駅では、路面電車とバスが同一のホームで乗り換えができるように整備されています。

また、バスと自転車の乗り換えでは、自転車で最寄りのバス停まで行き、そこからバスで勤務先や学校に行くといったサイクルアンドバスライドのための駐輪場をバス停に併設して整備する方

路面電車とバスのホーム乗り換えができるように整備された駅（富山県富山市岩瀬天神町　富山ライトレール岩瀬浜駅）

法があります。

群馬県高崎市の高崎経済大学前のバス停留所には、自転車とバスの乗り換えを円滑に行うための県の施設として「道の広場バスクル」が整備されています。バスクルはバスアンドバイシクルから名付けられた造語ですが、駐輪場やトイレ、展示スペースを有する待合室などが備えられています。大学前のバス停留所は高崎駅から北西約4キロメートルの位置にあり、高崎市の中心部までは少々遠い距離にあることから、自転車でバスクルまで行きバスに乗り換えて買い物や仕事に行けるようにしたものです。

さらに、高速道路と鉄道駅が近接しているところでは、高速道路を利用するバスなどと鉄道との乗り換え施設を整備することも考えられます。

神戸市垂水区のJR山陽本線舞子駅の上空を神戸淡路鳴門自動車道が通っていることから、バスと鉄道の乗り換えに配慮して道路上の高速バスの停留所（高速舞子バスのりば）を当初計画していた位置より駅寄りに配置し、駅との連絡通路を設け

バスの停留所に併設されたサイクルアンドバスライドのための駐輪場（群馬県高崎市下小塙町　バスクルこばな）（写真提供：群馬県）

鉄道駅の上空の道路上に設けられた高速バスの停留所とJR山陽本線舞子駅（写真下）（神戸市垂水区　高速舞子バスのりば）（写真提供：本州四国連絡高速道路株式会社）

て、高速バスと鉄道の乗り換えの利便性を向上させています。２００６年（平成１８年）６月現在、往復約５４０便のバスがこの停留所に停車し多くの人々が乗り換えています。

第3章　参考文献

①　官民連携による歩行者空間整備事例集：(財)道路空間高度化機構、２００４

②　西梅田土地区画整理事業誌―オオサカガーデンシティの建設―：(財)大阪市都市整備協会、１９９９

③　区部における都市計画道路の整備方針：東京都都市計画局都市基盤部街路計画課編・東京都生活文化局広報広聴部広聴管理課発行、２００４

④　山陰合同銀行２００６ディスクロージャー誌：山陰合同銀行、２００６

⑤　立体道路制度の解説と運用：立体道路研究会、建設省道路局・都市局・住宅局監修、ぎょうせい、１９９０

⑥　立体道路事例集：(財)道路空間高度化機構、２０００

⑦　高架道路の路面下の占用許可について（高架道路下占用許可基準）：国土交通省道路局長通達、２００５・９

第4章「ローカル」：地域ならではのみちづくり

4-1 「ローカル」のみちづくりの基本的視点

道路整備にあたっては、その道路の役割や将来交通量、また地形や地域の気象条件などを考慮しながら計画・設計することになりますが、道路整備が遅れていたこともあり、地域の個性よりは整備の効率性を重視した画一的な整備が多く進められてきました。

しかしながら近年、市民の価値観は多様化・高度化し、地域の個性を大切にした道路空間づくりが求められるようになってきています。

それぞれの地域には、固有の自然や歴史、文化などが存在していますが、道路も、その地域を形づくる要素の一つであるとすれば、地域の特性を踏まえながら整備していくことが重要であるといえます。

地域の自然、歴史、文化等を考慮しながら、良好な景観の形成や地域の状況に合った道路の幅員構成などそれぞれの地域にふさわしい道路整備を進めていくことは、良好な地域環境の形成に留まらず、その道路に対する地域の人々の愛着や誇りを生むことにも繋がります。また道路からの眺めがそのまちの印象の大半を決めるとも言われていますが、こうした取り組みは来訪者に対しても良い印象を与え、そのまちに人を呼び込むという効果も期待できるでしょう。

ここでは、地域らしさを活かした「ローカル」のみちづくりについて考えていきます。

4-2 「ローカル」のみちづくりに向けた三つの提案

「ローカル」のみちづくりについて、「景観にすぐれた道路空間をつくる」「歴史を守り伝える道路空間をつくる」「愛着のもてる個性的な道路空間をつくる」という三つの視点から提案を行います。

(1) 景観にすぐれた道路空間をつくる

① 美しいみちづくり

しっとりとした風情をもつ歴史的な町並みの通り、大きな街路樹と風格のある建物の並んだ大通り、山並みを縫うように走っていくハイウェイなどは、多くの人が美しいと感じるのではないでしょうか。

こうした美しいみちをつくろうという取り組みは、これまでも行われてきていました。

しっとりとした風情をもつ歴史的な町並みの通り（滋賀県近江八幡市　新町通り）（写真提供：（社）近江八幡観光物産協会）

美しく整然とした武家屋敷の町並みの通り（鹿児島県知覧町　武家屋敷通り）（写真提供：鹿児島県知覧町）

たとえば、1933年（昭和8年）の「街路計画標準」では「地形並に既存の街衢（がいく）に順応して路線を選定し不自然なる直結線形を避け連続線形とすること」として地形との調和に言及し、また1945年（昭和20年）に閣議決定された「戦災地復興計画基本方針」の街路の項目では「街路網は都市聚落の性格、規模並に土地利用計画に即応し之を構成すると共に街路の構想に於ては将来の自動車交通及建築の様式、規模に適応せしむることを期し兼ねて防災、保健及美観に資すること」や「必要の箇所には幅員50メートル乃至100メートルの広路又は広場を配置し利用上防災及美観の構成を兼ねしむること」とされていて、美観に配慮することが示されています。

そして2004年（平成16年）には、国民共通の資産である良好な景観の形成を促進するための景観法が制定され、このなかで景観上重要な道路について、景観重要道路として景観計画に位置付け、景観計画に基づきその整備を進めていく仕組みも設けられています。

イチョウ並木と連続した高層建築物による統一感のある街並みの大通り（大阪市　御堂筋）（写真提供：国土交通省近畿地方整備局）

美しいみちは、そこを訪れる人の心にうるおいや感動を与え、地域の人々の道路に対する愛着や誇りを生み、ひいては個性と魅力にあふれた国土づくりに繋がっていきます。

美しいみちづくりを進めていくにあたっては、道路景観の対象要素が道路の区域内にあるものだけではなく、建築物や広告・看板あるいは農地、林地など沿道にあるもの、さらには周囲の山並みなど多種多様なものから構成されていることを考慮して、これらを総合的に捉えて検討していく必要があるとともに、関係する多くの人々の連携、協力が重要であるといえます。

また「道路のデザイン」では、美しい道路づくりの基本的要件として①地域との調和、②利用者の快適性、③姿形の洗練の三つが挙げられています。地域との調和では、地形を尊重すること、地域特性を風景として活用すること及び環境への配慮が大切であること、利用者の快適性では、印象的な移動体験を演出する装置が道路であるという考えに立ったデザインが大切であること、まちにおいてはアーバンデザインとしての取り組みが必要であること、沿道の土地や建物を美しくしようとする地域の人々の意志が大切であることが指摘されています。また、姿形の洗練では、線形や道路の各部の形への配慮が大切であること、自然の力を借りて美しい道路に成熟していくことが指摘されています。

なお、道路景観には道路を利用する人（道路内）から見た景観（内部景観）と道路の外から道路を眺める景観（外部景観）の二つがあること、また、内部景観においては、静止している視点から眺める景観（シーン景観）と移動している視点（走行している自動車の運転者の視点など）から眺める連続的に変化

（熊本県南小国町）
（写真提供：道守くまもと会議）

（大分県九重町）
（写真提供：大分県九重町）

地形を尊重した道路線形とし、統一されたデザインによるサインの設置などの取り組みも行われている、山並みを縫うように走るハイウェイ（主要地方道別府一の宮線・やまなみハイウェイ）

当初は山を切り崩す切土構造で計画されていたものを鷲羽山の景観を保全するため、トンネル構造とした道路（岡山県倉敷市　瀬戸中央自動車道　鷲羽山トンネル）（写真提供：本州四国連絡高速道路（株））

岩手山（南部片富士）が山アテとなっている道路（岩手県盛岡市　市道本宮向中野線）

する景観（シークエンス景観）の二つがあることに留意する必要があります。

② 景観向上の工夫

道路景観は、道路そのものの景観（道路要素）、沿道の景観（沿道要素）、周囲の自然等の遠景（遠景要素）の三つから構成されているといえます。

道路要素としては、道路本体や街路樹、防護柵、照明灯などの道路付属物と電柱や看板などの道路占用物等があり、このうち道路本体及び道路付属物については道路管理者が直接的に景観づくりを行うことができるものです。沿道要素としては、沿道の建築物や植栽、広告・看板、田畑、林などがあり、景観づくりは、それぞれの所有者などの取り組みによることになりますが、行政機関において必要な規制、誘導を行うことも可能です。また、遠景要素としては、山並みや海岸などの自然要素と城や塔などの人工要素がありますが、基本的に遠景要素は与件として捉え、道路景観の中にどう取り込んでいくかを検討することになります。

そして、それぞれの景観要素について、山間地域、田園地域、市街地など道路が位置する地域の特性を踏まえながら、良好な景観形成に向けて取り組んでいく必要があります。

山間地域などでは、地形を尊重した道路線形とし、のり面を極力縮小することやのり面の自然への復元などが大切です。また、橋梁やトンネルなどは周辺の景観と調和するように配慮するとともに、特徴的な山並みや渓谷への眺望の確保など変化に富んだ道路景観となるような配慮も重要です。

丘陵・高原地域や田園地域では、広がりのある景観を道路が阻害しないように配慮しながら一方で、その眺望を堪能できるような道路線形や構造とすることが大切です。著名な山を正面に据える線形（山アテ）とすることや印象的なシークエンス景観の形成に配慮することなども重要です。また関係機関と連携し、沿道要素である農地や林地について、良好な農地あるいは林地景観の保全に取り組むことや野立て看板などについての景観上の規制、誘導を行うことも必要となります。

また市街地では、沿道土地利用の状況や大通り、目抜き通り、表通り、裏通りなどといった道路の性格に応じて景観づくりを検討していく必要があり、道路要素に加えて沿道要素における取り組みが重要となります。道路要素では、道路本体における景観への配慮はもちろんのこと、道路付属物や占用物はできるだけ整理し、すっきりとした景観となるようデザインにも配慮していくことが重要であり、電線類の地中化など無電柱化を積極的に進めていくことも大切です。沿道要素では、沿道敷地における緑化など道路と一体となった景観づくりが重要であるとともに、建築物について地区特性を踏まえたデザインとしていくことや広告・看板について、沿道の土地利用状況に応じた規制、誘導等の方策を講じておくことなども大切です。また、遠景要素については、著名な山や城などをアイストップとする道路線形を考慮することは、道路景観に深みを持たせる観点からも大切です。さらに、歩道上に捨てられた煙草の吸殻やごみ、放置自転車などは道路景観を悪化させている要因であり、マナーの向上を含め、これらに対する取り組みも重要となっています。

なお、ガードレール等の防護柵については、交通安全施設として設置され、視認性の高い白色が多く用いられてきましたが、道路に沿って帯状に存在するため、景観上は阻害要因ともなっていました。こうしたことから２００４年（平成１６年）に「防護柵の設置基準」が改定され、従来「白を標準とする」とされていた車両用防護柵の色彩について、歩行者自転車用柵と同様に「良好な景観形成に配慮した適切な色彩とする」こととされました。また、同年に策定された「景観に配慮した防護柵の整備ガイドライン」では、防護柵設置の必要性についての検討が必要であること、シンプルな形状や透過性の高い形式を基本とすること、鋼製防護柵の色彩については、ダークブラウン、グレーベージュ、ダークグレーから選定することを基本とすることなどが示されています。

（改良前）

（改良後）

これまでの幅の広い白色のガードレールから透過性の高いグレーベージュの防護柵に改良された道路（三重県御浜町　国道42号下市木付近）（写真提供：（株）住軽日軽エンジニアリング）

ところで、道路沿線の良好な景観を楽しむことができる視点場の確保や整備も重要と言えますが、国土交通省では、道路沿いから見える美しい風景を撮影できる場所とそこに歩いていける安全な駐車場についての情報提供を道路管理者が行う「とるぱ」という取り組みを行っています。とるぱは「写真を撮るパーキング」

から名付けられた造語ですが、脇見運転や迷惑駐車を防止し、交通渋滞や交通事故の減少が期待されるだけでなく、観光振興など、地域の活性化に繋がるものとして、全国的にその普及が進められています。

浜野浦棚田の撮影スポットへの駐車場として、とるぱのホームページに掲載されている浜野浦棚田駐車場

撮影スポット（棚田展望台）からの海に向かって広がる浜野浦棚田の眺め

（佐賀県玄海町浜野浦　国道204号）
（写真提供：佐賀県玄海町）

(2) 歴史を守り伝える道路空間をつくる

歴史は先人の生き様や知恵であるともいえ、地域の個性を形成する重要な要素として、また地域にとっての共有の財産として、大切に守り伝えていかなければなりません。

道路においても、旧街道や歴史的価値のある橋梁やトンネルなどの保存、活用に取り組んでいくことが必要であり、昔のまま保存することを基本とする場合や歴史を伝える工夫を行いながら道路整備を行う場合など、その道の歴史的価値を踏まえながら検討していく必要があります。

旧街道などについて、昔の姿を留めているところでは必要な修復を行いながら、歩行者用の道路などとして活用していくことが考えられます。一方、現在の幹線道路として使われているところも多くあり、このような場合には残されている並木や一里塚などを保存、復元するとともに新たに整備する部分については歴史的環境に配慮した施設整備を行っていくことが大切です。

神奈川県箱根町の箱根関所跡を中心とする箱根旧街道（国指定史跡）は旧東海道の面影が数多く残されています。箱根関所跡の保存整備と合わせて、杉並木や一里塚、石畳等の貴重な歴史的資源の保全、復元等の整備が行われ、多くの人が旧道歩きを楽しんでいます。

長崎県長崎市の眼鏡橋（重要文化財）は唐僧黙子禅師によって1634年（寛永11年）に架けられたと伝承される我が国最古の石造アーチ橋で、中島川の川面に映る姿が眼鏡のように見えることから名づけられたと言われています。1982年（昭和57年）の長崎大水害では中島川に架かる多くの石橋が被害を受け、眼鏡橋も欄干や橋面の敷石の一部が流出しましたが、流された石材を回収するなどして復元され、現在も歩行者用の道路（市道魚の町諏訪町1号線）として使われています。

保存整備された石畳が当時の面影を伝えている旧街道（神奈川県箱根町　旧東海道）

現在も歩道として使用されている我が国最古の石造アーチ（長崎県長崎市栄町付近眼鏡橋）

また、歴史的な町並みを有する地区内において、新たな道路整備が必要となる場合や歴史的な施設と道路の整備予定地が重複する場合もあります。こうした場合には、歴史的環境の保全と道路整備のあり方についての十分な検討が必要であるとともに道路整備にあたっては、歴史的環境にふさわしい景観の形成や歴史的遺産の内容を伝えるような施設整備を行うなどの工夫も大切です。

山口県萩市の堀内地区周辺は、武家屋敷や商人町の佇まいを残している地区ですが、道路の幅員が狭く、観光客の増加などにより交通渋滞等の問題が発生しており、道路の拡幅整備が必要となっていました。このため都市計画道路今魚店金谷線の整備が進められることになりましたが、道路の西側にある萩城跡外堀の保存整備と併せて実施されることになり、都市計画道路の外堀側の歩道部分については、外堀（国指定史跡）と一体となった、ゆったりとした歩行者空間として整備するべく、都市計画道路の拡幅変更が行われました。この歩行者空間では、遺構の露出展示や外堀に関する説明板の設置など、外堀の歴史性を活かした整備が行われています。

史跡である萩城跡外堀の歴史的環境と調和した歩行者空間が整備された道路
（山口県萩市　都市計画道路今魚店金谷線）

北海道小樽市では運河を埋め立てて、道路を整備する事業が１９６７年（昭和４２年）に着手されました。大正時代に建設された小樽運河は戦後はその役目を終え、汚れたまま放置されていましたが、１９７３年（昭和４８年）に「小樽運河を守る会」が結成され、運河の保存や運河周辺の歴史的景観を保全しようという気運が高まり、運河の保存と道路整備の両方を実現するため、市民と行政が議論を重ね、1980年（昭和55年）に都市計画道路臨港線の変更がなされました。車道の幅員については変わっていませんが、道路の中央部に約10メートルの運河を残すことになっていた計画を、倉庫側に約20メートルの運河を残し、運河沿いには散策路を設置する計画に変更されました。

運河と倉庫群を保存し、石畳の散策路、ブロンズ製の高欄、ガス灯等の整備により、港町のノスタルジックな雰囲気を演出しており、観光の活性化にも大いに貢献しました。

歴史的景観の保全のために都市計画を変更し、運河を保存して整備された道路（北海道小樽市　都市計画道路臨港線と小樽運河）（写真提供：北海道小樽市）

さらに、歴史的な町並みをそのまま保全していくことを基本とする場合には、まずは、歴史的地区における通過交通の排除が重要であり、バイパスの整備や地区の外周部を囲むような道路の整備を行うことが大切です。一方、歴史的地区内については、既存の道路をそのまま保全することが基本となり、石畳や地道風舗装といった舗装の工夫や無電柱化など歴史的環境と調和した道路整備を進めていく必要があります。さらに、歴史的地区への自動車の流入を抑制するため、外周部の道路周辺への観光客などのための駐車場や交通広場の設置も検討すべきでしょう。

奈良県橿原市の今井町は、室町時代後期に一向宗道場を中心に開かれた環濠集落（寺内町）で、伝統的な様式を持つ木造の民家や商家を中心とした歴史的な町並みがよく残されており、重要伝統的建造物群保存地区に選定されています。環濠内の道路はほとんどが幅員4メートル未満と狭く、日常生活や防災といった面での問題がありました。そのため、従前の都市計画では生活環境の改善や防災機能の向上を図るため、道路が歴史的地区を貫通する形で計画されていましたが、歴史的町並みの保存を望む市民の声が高まり、１９７１年（昭和４６年）には「今井町を保存する会」が発足し、市民と行政の話し合いの結果、歴史的地区を保全するとともに通過交通を排除するため、地区内を貫通する都市計画道路畝傍駅前通り線は歴史的地区を迂回する形に変更され、現在、整備が進められています。また、地区内の道路については、現状の幅員のままとするとともに、地道風アスファルト舗装や白御影石による側溝整備、軒下配線などによる無電柱化等を行い、歴史的な町並みの保全に取り組んでいます。

歴史的地区における通過交通を排除するため周辺道路を整備し、保全された歴史的町並み（奈良県橿原市今井町　市道今井町７号線）

歴史を守り伝えるみちづくりを進めることによって、地域の個性が一層輝くようになれば、地域の人々の誇りを生むことや活性化などにも繋がっていきます。

(3) 愛着のもてる個性的な道路空間をつくる

① シンボルロードの整備

それぞれのまちに、まちの顔ともなるシンボル的な道路（シンボルロード）があれば、それはそのまちにとっての一つの誇りとなるのではないでしょうか。地域の特性を活かした、まちを代表する通りとして整備することで、訪れる人にそのまちの個性を発信することにもなります。

郷土色豊かな並木やゆったりとした歩道、また沿道の建物も地域らしさを活かしたデザインとするなど、地域の歴史や文化を踏まえた風格のある道路空間として整備していくことが大切です。

東京都千代田区の行幸通り（都道皇居前東京停車場線）は皇居と東京駅をまっすぐに結ぶ道路であり、我が国のシンボルとなる通りとも言えます。関東大震災の復興道路として１９２３年（大正１２年）に整備され、幅員は約７３メートルと広く、中央の車線は皇室の公式行事や外国大使の信任状捧呈の際に馬車で皇居に向かう場合など、特別な場合に使われるようになっています。行幸通りには立派な銀杏並木があり、青葉の時期や紅葉の時期には美しい景観を見せてくれます。

皇居と東京駅を結ぶ我が国のシンボルとなる通り（東京都千代田区　行幸通り）

兵庫県姫路市には、「白鷺城」として知られる姫路城があり、その姫路城をアイストップとして、姫路駅から城まで一直線に伸びた大手前通り（市道幹第1号線）は、戦災復興土地区画整理事業により整備された幅員５０メートルの道路で、景観に配慮して当初から先進的に無電柱化も実施されました。１９８４年（昭和５９年）からはシンボルロード事業により、姫路市のシンボルとなる通りとして再整備が行われました。駐車車両が多く駐車場化していた外側の車線を歩道として整備することとし、幅員６メートル程度の歩道を１０～１５メートルに拡幅するとともに、クスノキを連続的に植栽し、既存のイチョウ並木と併せて緑豊かな空間を創出しています。また、陶板による舗装や木製ベンチ等のストリートファニチャーを配置するなどの工夫をして、城下町らしくまた公園的な雰囲気を醸し出しています。

こうしたシンボルロードは、まちの人々の愛着を生み、そして愛着を持った人々によって守り、育てられることによって、さらに輝きを増していきます。

城をアイストップとして整備された城下町のシンボルとなる通り（兵庫県姫路市　大手前通り）

② 五感をテーマにしたみちづくり

道を歩いていて、よい香りがしてきたり、心地よい音に立ち止まったりしたことはないでしょうか。また、車で走っていて、忘れられない風景に出会うこともあるでしょう。

美しい道（見る）、よい香りのする道（嗅ぐ）、心地よい音が聞こえてくる道（聞く）など、五感に心地よい道は、楽しく快適な道になるのではないでしょうか。地域を感じさせる景観や香り、音などで道路空間が魅力を増すのです。

景観については、本章の(1)「景観にすぐれた道路空間をつくる」で述べましたが、道路整備を進めるにあたって、空間を構成するハードウェアづくりに偏ることなく、「香り」や「音」などにも着目していくことが、個性豊かで愛着の持てる道路づくりに繋がっていくといえます。このような香りや音の源は、街路樹や沿道の樹木、また小川のせせらぎといった自然のものだけではなく、日々の生活の営みのなかにもあります。したがって、香りや音の源となる自然や生活、文化などを大切に守りながら、地域の人々と一体となって道路の整備や維持管理に取り組んでいく必要があります。

秋田県小坂町に明治百年通り（町道停車場線）というアカシアの香りが漂う道があります。環境省が、「豊かなかおりとその源となる自然や文化・生活を一体として将来に残し、伝えていくこと」を目的として、２００１年（平成１３年）に国民から募集した「かおり風景１００選」の一つに選定されました。小坂町は明治末期より鉱山の発展とともに栄えてきた町で、通りには日本最古の芝居小屋「康楽館」等の歴史的建造物が建ち並んでいます。１９１０年（明治４３年）に鉱山の煙害に強いアカシアを町内に植栽したのが始まりで、アカシア並木や煉瓦歩道が歴史的建造物と相まって、明治のカラフルな景観を形成しています。

また同じくかおり風景１００選に選定された埼玉県川越市の街中にある菓子屋横丁（市道１１６９号線）は、足を踏み入れるとハッカ飴や駄菓子、焼だんごなどのほのかな香りが郷愁を誘う通りとなっています。最盛期には７０軒ほどあった店舗も今は１０数軒となりましたが、石畳舗装など横丁のノスタルジックな雰囲気とお菓子の

ハッカ飴や駄菓子などのほのかな香りがする道（埼玉県川越市　菓子屋横丁）（写真提供：（財）水と緑の惑星保全機構）

アカシアの香りが漂う道（秋田県小坂町明治百年通り）（写真提供：秋田県小坂町）

懐かしい香りが魅力的な空間をつくり出しています。

「信仰と木彫りの里」として有名な富山県南砺市（旧井波町）は、まちを歩いていると木の香りとともにトントントンと木を刻むノミの音が聞こえてきます。浄土真宗の瑞泉寺の門前町として、６００余年の歴史を有し、門前の八日町通り（県道金沢井波線・井波城端線、市道山見松島線）は石畳が敷かれ、木製の行灯を整備するなど、古い町並みと調和した道路整備が行われています。今日も通りにはどこからともなく彫刻師のノミの音が聞こえ、独特の風情を醸し出しています。この八日町通りは環境庁（現環境省）が「地域のシンボルとして大切にし、将来残していきたいと願っている音の聞こえる環境（音風景）を保全すること」を目的として、１９９６年（平成８年）に国民から募集した「日本の音風景１００選」に選定されています。

また同じく日本の音風景１００選に選定された東京都武蔵野市にある成蹊学園ケヤキ並木は樹齢８０年以上の大木が整然と続く、美しい並木道です。通りにたたずみ耳を澄ませば、春の新緑には葉と葉がすれ合う、やさしく爽やかな音が、また晩秋には落ち葉の音など、四

木彫りの音が聞こえてくる門前町の通り（富山県南砺市　八日町通り）（写真提供：山﨑俊昭氏）

ケヤキ並木から四季折々の音が聞こえてくる道（東京都武蔵野市成蹊学園ケヤキ並木）（写真提供：（財）水と緑の惑星保全機構）

季折々様々な音が道行く人に話しかけています。なお、この道は成蹊学園の所有となっていますが、一般に供用されていることから市が路面管理を行っています。ケヤキ並木は成蹊学園の協力により維持され、市の文化財保護条例に基づく、市の文化財として登録もされており、多くの人が散策を楽しんでいます。

このような五感に心地よく感じる道は、あまりにも日常的で気が付かないこともあるでしょう。一度、身近な道路を見直してみてはどうでしょうか。新たな魅力が発見されるかもしれません。

なお、「味わう」については実のなる街路樹やオープンカフェなどが、また「触れる」については路上に設置された芸術作品などが考えられるのではないでしょうか。

③ 地域特性を活かしたみちづくり

道路の計画・設計は道路構造令などに基づいて行われ、例えば将来交通量が同じであれば、道路の種別などに応じて車線数や幅員は基本的に同じになります。しかしながら、道路が整備される地域の特徴や条件は様々であり、状況に応じて地域特性を踏まえた道路の線形や幅員構成などを考えていってもいいのではないでしょうか。

たとえば、昔からの小川や水路あるいは地元から親しまれている大きな樹木や並木が残っているところで、そこが道路整備予定地となっている場合、道路の線形や幅員構成を一部変更して、それらを保全するよう道路のなかに取り込んで整備を行うことが考えられます。このような場合などには、道路の幅員構成を非対称とすることも考えられます。

長野県松本市の松本城北側の都市計画道路宮渕新橋上金井線の整備にあたり、当初の計画では松本神社の御神木である大ケヤキ5本が道路用地にかかることから伐採することになっていましたが、これを知った市民から保存を望む声があがり、計画が見直されることになりました。その結果、道路の中央分離帯や歩道を広げて5本のケヤキを元の位置で保存できるように計画幅員16メートルをその部分について、19・5メートルに拡幅する変更が行われました。また、この道路では黒瓦タイルと白御影石による歩道の舗装や、ライトアップされる松本城天守閣の景観に配慮し、歩道の照明を路面の下に設置して、間接照明とするなどの歴史的環境に配慮した整備も行われています。

また、山間部の道路整備では、交通量に応じて、自然環境への影響を少なくすることや投資効果の観点などから、すべてを2車線で整備するのではなく待避所の設置などと併せ、1車線で整備する区間も設けるといった「1・5車線的整備」も行われています。

こうした取り組みは、全国各地で行われていますが、地域の状況を踏まえた工夫がなされた道路は、その地域ならではの道となり、地域の人々も愛着を持って大切にすることに繋がるのではないでしょうか。

待避所の設置などにより、1.5 車線的整備が行われている道路（和歌山県高野町 県道高野天川線）

道路の線形や幅員構成を変更して大樹を保存した道路（長野県松本市　市道 1530 号線）

第4章　参考文献

①　都市計画調査資料及計画標準ニ関スル件（抄）「街路計画標準」：内務省内務次官通牒、１９３３
　（http://wwwkt.mlit.go.jp/notice/）より

②　道路のデザイン：㈶道路環境研究所編著、大成出版社、２００５・７

③　道路景観整備マニュアル（案）：建設省道路局企画課道路環境対策室監修・道路環境研究所・道路景観研究会編著、大成出版社、１９９０・３

④　とるぱに関する記述：とるぱHP（http://torupa.jp/）より

⑤　防護柵の設置基準・同解説：㈳日本道路協会、２００４・３

⑥　景観に配慮した防護柵の整備ガイドライン：国土交通省道路局地方道・環境課監修・景観に配慮した防護柵推進検討委員会編著、㈶国土技術研究センター発行、大成出版社発売、２００４・５

⑦　歴史を未来につなぐまちづくり・みちづくり：新谷洋二編著、久保田尚・佐々木政雄・辻喜彦・萩原岳・益田兼房・松谷春敏・矢野和之著、学芸出版社、２００６

⑧　重要文化財眼鏡橋保存修理工事報告書（災害復旧）：㈶文化財建造物保存技術協会編、長崎市、１９８４

⑨　小樽のまちづくり：佃信雄、日本不動産学会誌No.６９、㈳日本不動産学会、２００４

⑩　平成7年度橿原市今井町重要伝統的建造物群保存地区総合防災計画策定調査報告書：橿原市・㈱都市環境研究所、橿原市、１９９６

⑪　行幸通りの銀杏並木に関する記述：環境省HP（http://www.env.go.jp/nature/nationalgardens/kohkyo/year/10.html）より

⑫　日本の道１００選〈新版〉：国土交通省道路局監修・「日本の道１００選」研究会編著、ぎょうせい、２００２

⑬　かおり風景１００選に関する記述：環境省HP（http://www.env.go.jp/air/kaori/index.htm）
⑭　残したい日本の音風景１００選に関する記述：環境省HP（http://www.env.go.jp/air/life/oto/）
⑮　道路構造令の解説と運用：(社)日本道路協会、２００４

第5章「コラボレーション」：協働によるみちづくり

5-1 「コラボレーション」のみちづくりの基本的視点

まちづくり全般に対する市民の関心の高まりから、道路の計画や維持管理の分野においても、市民参画が幅広く行われるようになってきています。このことは、行政が計画、建設した道路を市民が利用するだけという、これまでの考え方ではなく、行政とともに道路をつくり育てていくといった意識が、市民の間に高まりつつあるためと考えられます。地域の状況を踏まえながら、公と私が連携・協力することは、質の高い、そして地域住民や利用者にとって満足度の高い共の空間（道路空間）をつくっていく上で必要不可欠であるといえます。

また道路は、歩行者、自転車、乗用車、貨物車、バスや路面電車など多種多様な利用者が混在し、交通量の増大による交通混雑や利用動線の錯綜などによる交通事故、あるいは住宅地の中を通過交通が走り抜けていくといったいわばミスマッチの問題が多く発生しています。このため、今後とも必要な道路整備を進めていくとともに、併せて、限られた道路空間をいかに有効に活用していくかが極めて大切なこととなっています。人々が協力し、道路の使い方を工夫することで、ミスマッチなどがなくなれば、交通の流れが全体として円滑になる、あるいは、少し不便にはなるけれど、安全性や快適性の面でより大きな効果が得られるという場合が出てきます。

さらに、地域の歴史や道路の役割などを学ぶ場としての道路の活用も考えられます。

ここでは、道路に関連する多様な人々の協力に基づいて、道路空間のつくり方や使い方をもっと良くしていこうとする「コラボレーション」のみちづくりについて考えていきます。

5-2 「コラボレーション」のみちづくりに向けた三つの提案

「コラボレーション」のみちづくりについて、「道路空間を協働でつくる」「限られた道路空間を柔軟に使う」「道路空間を学びの場として活用する」という三つの視点から提案を行います。

(1) 道路空間を協働でつくる

① 市民参画のみちづくり

道路は私達の生活に密接に関連する施設であり、そうした道路を計画、整備し、維持管理をしていく際に地域住民や企業、道路利用者など、その道路に関係する市民等が関わっていくことは当然のことと言えるかもしれません。道路など公共施設の整備やまちづくりにおいて、市民参画による計画づくりや維持管理が多く行われるようになってきましたが、市民参画によって道路に対する市民の理解が深まり、事業の円滑な推進に繋がることや道路に対する市民の満足度が高まることも期待されます。

道路計画を決定していく過程における市民参画は、計画プロセスの透明性、客観性、公平性などを向上させること、市民等の意見を反映したより良い計画としていくことなどが目的となっています。

なお、路線別の計画プロセスを効率的に進めるために、概ねのルートの位置や基本的な道路構造等概略計画が決定される段階（構想段階）と概略計画決定後、事業実施の前提となる計画（都市施設の都市計画等）が決定される段階（計画段階）の2段階に計画プロセスを区分することが必要であるとされています。これは構想段階で議論すべき「公益性の観点からの必要性の議論」と計画段階で議論すべき「地域的な利害調整に係る議論」を区分することで、論点を明確化することがねらいとなっています。

市民参画は早期の構想段階から行われることが大切であり、構想段階においては、その道路の必要性やルートの代替案（一定の幅を持ったルート帯で示されることが多い）などを行政側から提示し地域住民など関係する市民との意見交換などを通じて、計画を詰めていくことになります。こうした手法は「パブリックインボルブメント（ＰＩ（Public Involvement））」と呼ばれており、その効果の大きいことも報告されています。

ＰＩ手法を導入し、道路計画の策定を行っているものの一つに大沢野・富山南道路（岐阜県高山市と富山市を結ぶ富山高山連絡道路（地域高規格道路）の富山県内の一部区間）があります。地域懇談会、住民説明会の開催、かわら版（パンフレット）の発行やアンケート調査などにより道路計画に関する情報提供と意見交換、意見募集を行い、地域住民等の意見を反映した計画づくりが進められており、これまでのＰＩの成果をもとに大沢野・富山南道路のルート帯が提言としてまとめられています。なお、ＰＩ活動を進めるにあたって、情報提供の方法や住民からの意見募集の手法について行政機関に対してアドバイスを与える中立の第三者機関が設置されています。

ＰＩ活動の一環として、地元の文化会館で開催された地域懇談会（富山県富山市　新保文化会館）（写真提供：国土交通省富山河川国道事務所）

また、ルートや幅員などの計画が決定されている道路について、たとえばバリアフリー化など歩道の整備をどうするのか、あるいは樹種の選定を含め道路の景観づくりをどうするのかといった具体的な整備方法を、その道路を利用する地域住民や関係者の参画により決定していくことは、使いやすい道路としていく観点からも大切です。

三重県紀北町紀伊長島区東長島の国道４２号では、東紀州の玄関にふさわしいみちとするため、景観やバリアフリーに配慮した歩道整備を行うにあたり、商工会や老人会、身体障害者支援団体等によって構成される「長島のみちを考える会」を設立し、現地見学会や意見交換会を通じて、地域住民などの意見を反映した整備計画案のとりまとめが行われました。

歩道整備のあり方について活発な意見交換が行われた、長島のみちを考える会（三重県紀北町　国道 42 号）（写真提供：国土交通省紀勢国道事務所）

さらに、維持管理段階においては、道路の美化、清掃、除雪や道路の異常を発見した際の道路管理者への連絡などの協力が挙げられますが、こうした地域住民や企業などの協力によるボランティア活動は多くの道路で取り組まれるようになってきており、道路がきれいに維持されるだけではなく、道路に対する愛着が高まることや地域コミュニティの活性化に繋がることも期待されています。

なお、国においては地域住民や企業による維持管理活動を推進するため、活動実施団体を認定し協定を結んで、その活動を支援する「ボランティアサポートプログラム（ＶＳＰ（Volunteer Support Program)）」制度を設けています。

市民による維持管理への協力の先駆け的なものとして、長野県飯田市の飯田市道1-1号りんご並木大宮線（愛称「りんご並木」）に関する活動が挙げられます。

りんご並木は、かつての「飯田の大火」の復興過程で、1953年（昭和28年）、飯田市立飯田東中学校の生徒達の提案により生まれました。過去には、飯田市の都市化に伴う駐車場不足から「りんご並木を削って駐車場の整備を」という声が一部の市民から出されたこともありましたが、アンケート調査の結果、市民の多くが並木を駐車帯にすることに反対であったことから、今日まで飯田市のシンボルとして、生徒や市民らの手によって営々と維持、管理がなされています。

生徒らの手によって草取り、水まき、剪定作業や清掃が行われているりんご並木（長野県飯田市　市道1-1号）（写真提供：長野県飯田市）

ボランティアサポートプログラムとして「櫛引町花と緑の会」による歩道の緑地帯へのサルビア（町の花）の植栽や潅水、除草等の管理が行われている道路（山形県鶴岡市　国道112号下山添）（写真提供：国土交通省酒田河川国道事務所）

現在、試行錯誤を繰り返しながら多くの取り組みが進められていますが、市民参画のみちづくりは、形式的に市民の参加を求めるものではなく、参加方法や情報提供などについての工夫を行いながら、「どれだけ市民参画のための活動と意見の反映に努めてきたか」という認識に立った行政側の取り組みと「どれだけの参画と責任ある発言や行動に努めてきたか」という認識に立った市民側の取り組みが大切であるといえます。

② 道路空間の協働マネジメント

道路の整備や維持管理における地域の人々の参画の必要性、意義などについて述べてきましたが、たとえば、歩道の花壇や植栽が美しく維持管理され、さらに地域の人達によって沿道の敷地の緑化・修景や建物のデザインに対する配慮などが行われていけば、より美しい道路空間となっていくでしょう。このように地域主体の取り組みが、道路の区域に留まらず沿道へと広がっていけば、一層素晴らしいみちづくりに繋がっていくのではないでしょうか。

道路と沿道を一体的に考えた景観づくり、道路を利用したイベントの開催、地域の回遊マップの作成など、道路に関連する幅広い取り組みを地域が主体となって実施していくことも大切なことといえます。

北海道ニセコ町の綺羅（きら）街道（道道岩内洞爺湖線の町の中心部の７３０メートルの区間）では、道路の拡幅整備において、幅員６メートルのゆとりある歩道の整備や電線類の地中化が行われましたが、この際、地域住民により構成される「ニセコ綺羅街道住民会議」が設立され、道路と沿道との一体的な

道路と沿道を一つの空間として捉え、色や形の統一、調和に配慮された道路（北海道ニセコ町　綺羅街道）（写真提供：ニセコ21世紀まちづくり実行委員会）

整備が行われました。道路整備に伴う沿道建物の建て替えに際しては、行政や専門家の助言を得ながら「街なみ形成ガイドライン」を策定し、建物や看板などのデザインの統一が図られ、また、歩道上の花壇に加え沿道の建物の前面や窓台には花々が飾られるなど、良好な道路景観が形成されています。これらの花の維持管理や歩道の清掃は地域の人たちによって行われていますが、さらに歩道などで開催される朝市やフリーマーケットなど、様々な活動を通じて多くの人が集うことで活気が生まれ、地域コミュニティの活性化や賑わいの創出にも寄与しています。

また、最近では、中心市街地など一定の地区（エリア）を対象に、魅力を高め、それを維持・増進していくよう運営、管理（マネジメント）する取り組み「エリアマネジメント」が行われるようになってきました。これは、その地区の住民や企業、就業者などが主体となって、道路など公共施設の維持管理、地区の清掃、街並み整備やイベントの開催などに協働して取り組み、地区を活性化させていこうとするもので、道路にも関連してさらに幅広い取り組みが行われています。

旧国鉄汐留貨物駅跡地の再開発が行われている東京都港区の汐留地区では、地区内の土地所有者などで構成される「汐留地区街づくり協議会」や「中間法人　汐留シオサイト・タウンマネージメント」が主体となって、地区内の公共施設の維持管理やイベントの企画、広報活動などを実施するエリアマネジメントが

エリアマネジメントの一環として、景観に配慮したタイル舗装や、高い頻度での道路清掃が行われているペデストリアンデッキ（東京都港区　汐留シオサイト）

進められています。このうち公共施設の維持管理については、地下、地上、ペデストリアンデッキ（2階レベル）の三層で整備されている歩行者空間や地下車路などについて、汐留シオサイト・タウンマネージメントが補修や清掃、警備などを実施しており、その費用については東京都と街づくり協議会が負担しています。

なお、日本で実施されているエリアマネジメントは、米国で行われているＢＩＤ制度（Business Improvement District）を参考としていると言えますが、ＢＩＤ制度では、地方公共団体が地区内の不動産所有者から負担金を徴収し、不動産所有者等で構成される運営組合によるエリアマネジメントの資金に充てられる仕組みとなっています。

こうした取り組みは、公共空間と私的空間を一体として、共の空間と捉え、地区全体の魅力を高める観点から活用あるいは運営をしていこうとする考え方が基本になっているといえ、今後、多くの人の参画による協働のみちづくりを進めていく際の大切な考え方といえるのではないでしょうか。

(2) 限られた道路空間を柔軟に使う

① 過度の自動車利用の抑制

自動車は便利な交通手段であり、有効に活用していくことは必要なことですが、過度の利用は交通渋滞を引き起こし、地球温暖化に繋がるなど決して好ましいことではありません。すぐ近くに行くときにも車を使う人がいますが、わずかな距離であれば徒歩や自転車で行くことを心掛けたいものです。

また、バスや電車などが使えるときには公共交通機関を活用していくことが大切であり、自動車を使用する際にも、たとえば乗用車であれば相乗りにするといった、効率的な利用の仕方を考えることも重要です。

皆が協力して、必要なときに効率的に自動車を使うようになれば、交通の円滑化や環境の改善などにも繋がり、道路を快適に使えるようになります。

このような自動車から公共交通機関への転換や自動車利用の効率化などを含め、道路交通混雑の緩和などを進めていく方法として「交通需要マネジメント（ＴＤＭ（Transportation Demand Management））」があります。ＴＤＭにおいては、朝夕のピーク時に集中する交通を分散させる「時間帯の変更」、混雑する道路や交差点の交通を分散させる「経路の変更」、自動車から公共交通機関への転換などを行う「手段の変更」、乗用車の平均乗車人員の増加や貨物車の積載率を高める「自動車の効率的利用」や発生交通量の調整を行う「発生源の調整」といった取り組みが行われています。

過度の自動車利用の抑制に関連するものとして、手段の変更では、自動車から他の交通手段に変更することになりますが、たとえば、勤務先まで自動車で通勤していたものを、最寄り駅まで自動車で行き駐車場に停めて、駅からは鉄道に乗り換えて行くといったパークアンドライドなども含まれます。自動車の効率的利用では、相乗り（カープーリング）、自動車の共同利用（カーシェアリング）、貨物の共同配送や一定数以上の乗員のいる車だけが走行できる「ＨＯＶ（High Occupancy Vehicle）レーン」の設置などがあります。また発生源の調整では、都心部などに流入する車に課金をするロードプライシングや車のナンバープレートの番号別に自動車を使用できる日を設定するといったナンバー規制などがあります。

パークアンドライド用駐車場として、福井鉄道福武線水落駅に隣接して設けられた駐車場（福井県鯖江市水落町　県営水落駅前駐車場）

新潟市内の国道１１３号などでは、日曜・休日を除く午前７時３０分から午前９時まで都心方向への一車線（延長約８キロメートルの区間）が、バス、タクシー、３人以上乗車している普通車が通行できるバス等専用レーン（ＨＯＶレーン）として設定されています。また、新潟県長岡市や石川県金沢市においてもＨＯＶレーンが実施されています。

イギリス・ロンドンでは、渋滞緩和策としてロードプライシングが２００３年（平成１５年）から導入されています。これは、セントラルロンドンと呼ばれる約２１平方キロメートルのエリア（官庁街や金融街、バッキンガム宮殿などがあるロンドンの中心地）を課金区域とするもので、祝日等を除く月曜日から金曜日の午前７時から午後６時３０分までが課金時間となっています。課金区域内で車両（バス、タクシー、緊急車両、障害者が使用する車両等は対象外となっています）を運転するドライバーは課金を支払い、車両ナンバーをロンドン交通庁に登録することになりますが、課金額は２００６年９月現在、全車種一律の一日８ポンド（約１８００円）が基本となっています。課金は事前支払いが原則で、電話やインター

一般の車線（写真左側）と比較して円滑に走行できるHOVレーン（写真右側）（新潟市国道113号長者町交差点付近）

課金区域を示す標識（写真左上）と課金区域への進入路であることを示す路面表示（Cのマーク）（イギリス・ロンドン　ウォーレンストリート）（写真提供：東京都）

ネット、ガソリンスタンドのカウンターなどで支払うことができます。ロンドン交通庁の報告（第２回年次報告書・２００４年（平成１６年））では、ロードプライシングの実施効果として、課金時間の入域交通が１８％減少し、課金区域内の混雑は平均３０％減少したとされています。

過度の自動車利用の抑制に向けて、これらの施策を効果的に組み合わせていくことが必要ですが、まずは、私たち一人一人が自分の問題として考え取り組んでいくことが重要といえます。そうしたことから、一人ひとりの移動（モビリティ）が、個人的にも社会的にも望ましい方向へ自発的に変化することを促すコミュニケーションを中心とした交通政策としての「モビリティ・マネジメント（ＭＭ（Mobility Management））」という取り組みも始められています。コミュニケーションの対象としては、世帯や個人の場合と、職場や学校等の組織の場合などがあり、世帯や個人を対象とする場合には、行政機関などによるアンケート調査や各世帯への訪問を通じて、住民とのコミュニケーションを図り、自動車利用から公共交通機関や自転車利用への転換などを促していこうとするもので、このようなコミュニケーションは大規模かつ個別的に実施されることが必要であるとされています。

② 道路空間のシェア

道路は歩行者、自転車、乗用車、貨物車、バス、路面電車など多種多様な利用者が存在していますが、お互いに協力し合って道路を上手に使うことを考えていくことが大切です。たとえば、歩道の設置は道路を車道と歩道に分割して使用しているといえますが、道路

通学時の歩行者の安全性を確保するため、午前７時から午前９時まで車両の通行が規制されている道路（山梨県甲府市　市道富士川若松線）

空間を時間的、空間的に分割（シェア）して使うことが全体として効率的な使い方に繋がる場合があります。

祭りなどの一時的なイベントは別として、歩行者や自転車交通量が多くなる時間帯に、自動車の通行を制限し、歩行者などの安全、円滑な通行を確保する方法があり、通勤・通学時や帰宅時に車両の通行止めを行うものや、休日などに実施される歩行者天国などが挙げられます。

また、車道の使い方を工夫する方法もあります。公共交通機関としてのバスの通行の円滑化のため、車道の一部をバス専用レーンなどとすることや朝夕に車道の中央線（センターライン）の位置を変更し、交通量の多い方向に多くの車線を割り当てるためのリバーシブルレーン（時間帯によって走行方向が変わる車線）とすることなどが挙げられます。

新潟市内の国道１１６号では、３車線となっている約７キロメートルの区間でリバーシブルレーンが導入されており、午前は都心方向に、午後は逆に郊外方向に３車線のうち２車線が割り当てられています。また、この区間を含む約９キロメートルの区間では、朝（７時３０分から９時）は、都心方向、夕方（１７時から１９時）は郊外方向にバス専用レーンが設置されています。

道路上空の標識の表示により中央線の位置が変更され、時間帯によって中央の車線の走行方向が変わるリバーシブルレーン（新潟市　国道 116 号文京町付近）

中心市街地の活性化対策としても実施されている歩行者天国（岩手県盛岡市　大通商店街）（写真提供：盛岡大通商店街協同組合）

これらの交通規制は、交通管理者（警察）によって実施されるものですが、不便になる人がいる一方で、安全性や快適性が向上したり、多くの人が効率的に移動ができたりすることになります。今後とも、歩行者や自動車の交通量などの交通実態や地域の状況を踏まえ、皆が協力し知恵を出し合って、限られた道路空間を有効に活用していくことが大切といえます。

(3) 道路空間を学びの場として活用する

① 道路空間を利用した学習

道路は私たちの生活に密着した施設であり、また道路にはその土地の歴史が刻み込まれていたり、道端に貴重な花や昆虫を見つけたりすることもあるなど、道路空間を利用して様々なことが学べそうです。

道は、その区域が明確であったかどうかは別として、人類誕生のときから人が移動に使った場所として存在していたに違いありません。我が国では、律令時代に全国的なネットワークとして七道駅路が、江戸時代には五街道などが整備され、また各地にも様々な道が整備されてきましたが、こうした街道などは、現在に引き継がれているところも多く、現在の国道と重なっているところもあります。

松並木や一里塚、また当時の町並みが残っているところもあり、道路から多くの歴史を学ぶことができます。

福岡県筑紫野市の市立山家小学校では「旧長崎街道」をテーマとした総合学習が行われています。この学習は、長崎街道肥前六宿の一つ「山家宿」が存在していたことから、児童が地元の活動団体である「山家の史跡等を守る会」の人々から山家宿の歴史などについての説明を受けながら街道を歩き、調べたことをグループごとに後日、発表するといった形で進められています。学習を通じて児童達からは、山家の歴史がよくわかったといった感想が出されており、こうした学習の成果を今後、地域づくりに活かしていくことが議論されています。

また、街路樹や沿道にある様々な花や木を見て歩く、郷土の偉人にゆかりの場所あるいは地域の特産品に関連するところを見て歩くことなどで、地域の自然や歴史、文化を知ることもできます。そしてそれらに詳しい地元の人々に教えてもらいながら地域を巡ることで、多くのことが道路を通じて学べるのではないでしょうか。こうした「みち歩き」は、交通安全やバリアフリー化に関する状況を確認し、課題や対策を検討する上でも有効な手段となります。交通事故が多発している箇所を現地で確認し、その対策を考えることや、高齢者や身体障害者にとって歩きやすい道路とは、どのようなものかを考えてもらうための機会として、たとえば高齢者と同じ身体条件にして実際に移動することを体験する高齢者疑似体験なども行われています。みち歩きの成果は、地図上に調べた結果などを書き込んだマップとして取りまとめることが他の人たちが利用する際にも判りやすく、各地で多種多様なマップがつくられています。

このような「みち歩き」や「マップづくり」は地域住民など多くの市民や専門家の参加により行われることが重要であり、行政も含めた幅広い協力のもとで進められることが大切です。

旧街道をテーマに当時の生活や宿場町の歴史などの説明が現地で行われている小学校６年生の授業（福岡県筑紫野市　旧長崎街道山家宿）（写真提供：長崎大学教育学部福田研究室）

山口県内では、萩往還（現在の萩市と防府市を結ぶ街道のことで、萩藩の参勤交代道として整備されたもの）を対象とした散策マップが、沿線住民や郷土史家、ボランティア団体などの手によって作成されており、これまでに萩の巻、山口の巻など3巻が完成しています。散策マップは、街歩きなどを通じたワークショップを開催し、沿道の様々な資源を再確認しながら制作作業が進められ、名所、旧跡などの見所に加え、店舗や休憩施設、地元の有名人なども掲載されています。

みち歩きなどを通じて作成された「萩往還・散策マップ」（写真提供：国土交通省山口河川国道事務所）

江津市内の小学5年生が参加して行われた高齢者体験（島根県江津市　国道9号）

浜田市内の小学3年生が参加して行われた視覚障害体験（島根県浜田市　国道9号）

（写真提供：国土交通省浜田河川国道事務所）

島根県の浜田市などでは、道路のバリアフリー化の大切さなどを知ってもらうための小学生による高齢者体験や車椅子体験、視覚障害体験が行われています。これは国土交通省浜田河川国道事務所が「わんぱく道路探検隊」として実施しているもので、重りなど高齢者を疑似体験できる器具を身に着け、あるいは車椅子や白杖などを使用して、道路上での移動を実際に体験するものとなっています。

② 道路を題材とした学習

道路は多くの役割を果たしており、道路自体について学ぶことも大切なことといえます。道路上を移動する様々な交通によって、人や物が運ばれ、私たちの生活や経済活動が支えられていますが、たとえば、同様に私たちの生活や経済活動を支えている電気、ガス、電話、上下水道といったライフラインが道路空間にどのように収容されているかを知ることも興味深いことではないでしょうか。地上に設置されている場合はともかく、地下にある場合はなかなか見ることができませんが、幹線道路の地下空間には、各種ライフラインを一括して収容する共同溝が整備されているところがあり、その仕組みや役割などを知ってもらうための道路管理者による共同溝見学会も実施されています。

岡山県岡山市の国道2号や53号などの地下には、岡山共同溝や岡南共同溝などが整備されていますが、国土交通省岡山国道事務所では、道路の役割及び重要性を知ってもらうための親子道路見学会、女性道路見学会などを実施してきており、そのなかで共同溝の見学が行われています。道路の地下に大きなトンネルがあることを知らなかった児童などからは、工事の進め方や共同溝の仕組みなどについて多くの質問が出されています。

共同溝に限らず、実際の施設を現地で見ることは、道路を理解する上で重要なことですが、道路管理者などによる道路に関する各種の情報提供はもちろん道路環境問題なども含め学校教育の場にお

小学生とその親が参加して行われている共同溝見学会（岡山県岡山市　国道２号岡南共同溝）
（写真提供：国土交通省岡山国道事務所）

いて道路について学ぶ機会があることも大切ではないでしょうか。

札幌市内の小学校では、小学校の先生と国土交通省北海道開発局とで構成されている「道路事業とコミュニケーション活動懇談会」によって作成された学習資料「北の道物語」を使用して、道をテーマとした総合学習の授業が行われています。この北の道物語は、道路の役割、バリアフリー、冬と除雪など道路に関する話題が、児童にとって理解しやすい形で記述されているもので、授業での使用を希望する小学校には無償で配布されています。

このように道路が果たしている役割などを学ぶことは、道路に対する理解を深め、よりよい道路空間づくりに繋がっていくことにもなります。

道路をテーマとした学習資料「北の道物語」

北の道物語を使って「通学路のなぞ　見つけたよ」というテーマで行われた小学校６年生の総合学習（札幌市　市立資生館小学校）（写真提供：国土交通省北海道開発局札幌開発建設部）

第5章　参考文献

① 構想段階における市民参画型道路計画プロセスのガイドライン（平成17年9月）：国土交通省（道路局）
HP (http://www.mlit.go.jp/road/pi/2guide/guide.pdf)

② 大沢野・富山南道路ＰＩ活動に関する記述：国土交通省富山河川国道事務所
HP (http://www.osawano-road.go.jp)

③ ボランティアサポートプログラムに関する記述：国土交通省（道路局）
HP (http://www.mlit.go.jp/road/road/vsp/) より

④ 飯田りんご並木に関する記述：飯田市役所
HP (http://www.city.iida.nagano.jp/namiki/about/index.html) より

⑤ ニセコ町街なみ環境整備事業：北海道ニセコ町

⑥ エリアマネジメント　～地区組織による計画と管理運営～：小林重敬編著、学芸出版社、２００５・４

⑦ ２００５国土交通行政ハンドブック：国土交通政策研究会編著、大成出版社、２００５

⑧ ロンドンの混雑課金（Congestion Charging）制度に関する記述：東京都環境局
HP (http://www2.kankyo.metro.tokyo.jp/jidousya/roadpricing/london1.htm) より

⑨ モビリティ・マネジメント：藤井聡、道路　平成17年5月号、(社)日本道路協会、２００５・５

⑩ モビリティ・マネジメント（ＭＭ）の手引き：土木学会土木計画学研究委員会 土木計画のための態度・行動変容研究小委員会編、（社）土木学会、２００５

⑪ 道のはなしⅠ：武部健一、技報堂出版、１９９４

⑫ 「長崎街道・多良街道」を活用する学習の研究：長崎大学教育学部福田研究室

HP（http://www.edu.nagasaki-u.ac.jp/~fukuda/nkaidou/sougou/top.html）

⑬ 北の道物語：道路事業とコミュニケーション活動懇談会編、国土交通省北海道開発局札幌開発建設部監修、国土交通省北海道開発局札幌開発建設部、２００４

第6章「グロウイング」：ともに成長するみちづくり

6-1 「グロウイング」のみちづくりの基本的視点

道路は、まちの骨格や街区を形成するとともに、人や物の移動を支えるなど、私たちの生活と密接に関わっており、また時間の流れの中で地形の一部となり、さらには歴史を伝える場にもなるなど、人や地域と相互に関連しながら存在し、地域を構成する主要な要素となっています。このような道路が、時間の経過とともにその価値を減らしていくのではなく、むしろ輝きを増すものとなるようにしていけたら素晴らしいのではないでしょうか。いわば、時とともに成長する道路といえます。

このためには、道路をつくり始める時から、そうした方向をめざしての取り組みが必要であるとともに、人々や地域が道路を守り育てていくことが大切になってきます。また、道路が有する空間機能を防災や環境改善など、地域のためにより有効的に活用していくことや、道路を軸に広域的な連携を図り、地域の活性化を推進すること、あるいは、道路整備によって都市構造を再編し、都市再生を図るといった取り組みも重要となってきています。これらは道路が人や地域を育てていくともいえます。

ここでは、人や地域が道路を育てる、道路が人や地域を育てるといった、道路・人・地域がともに成長していこうとする「グロウイング」のみちづくりについて考えていきます。

６-２　「グロウイング」のみちづくりに向けた三つの提案

「グロウイング」のみちづくりについて、「多様な観点から道路空間を活用する」「道路空間整備により地域を再生する」「時とともに成長する道路空間をつくる」という三つの視点から提案を行います。

(1)　多様な観点から道路空間を活用する

①　防災のみちづくり

道路は、道路が持つ交通機能及び空間機能により災害の拡大防止や被災時の避難、救助さらには被災後の復旧活動などに大きな役割を果たすことができます。道路空間が防災空間としても有効に機能を発揮できるよう、道路の拡幅整備やネットワークの形成に取り組んでいく必要があります。

災害の拡大防止では、火災が発生した際、一定の幅を有する道路等には、延焼を防ぐ延焼遮断機能があり、江戸時代の広小路（火除け地）のように、昔から延焼を防止するための幅の広い道路が計画的に整備されてきていますが、阪神・淡路大震災においても、幅員の広い道路での延焼防止効果が確認（無風状態ではあったが幅員１２メートル以上の道路で延焼が遮断されている）されています。また東京都では、沿道の建築物の不燃化率との組み合わせで延焼遮断帯としての機能を発揮できる道路などの幅員を設定していますが、幅員２７メートル以上あれば道路など、その施設単独で機能が発揮できるとされています。さらに植樹帯の設置など、延焼防止に効果があるとされている植栽についても考慮していく必要があります。

今後とも、防災性向上の観点から、市街地の状況などを踏まえ、延焼遮断帯としての機能を有する道路を計画的に整備していくことが重要です。

また、先にも述べましたが、道路は避難路や救助あるいは消火のための緊急車両の通行経路、復旧活動のための人や物資の輸送路としての役割も担うことになり、地震などにより倒壊した建築物や駐車車両があっても、円滑な避難や緊急車両の走行が可能な広幅員の道路の整備が必要となります。特に延焼遮断機能も併せ、これらの役割を総合的に有する幹線道路等においては、道路の整備と併せて沿道の建築物の不燃化、耐震化などを一体的に進めていくことが重要です。

東京都では、避難路や救援活動空間ともなる延焼遮断帯の整備に取り組んできており、延焼遮断帯の軸となる都市計画道路の整備を推進するとともに、延焼遮断帯としての機能を確保する観点から、防火地域の指定や都市防災不燃化促進事業の導入など、道路整備に合わせた沿道の建築物の不燃化対策が進められています。

杉並区の環状8号線杉並地区では、広域的な都市構造からみて骨格的な防災軸の形成を図る路線として、沿道地域を対象とした都市防災不燃化促進事業が完了しており、また荒川区の小台通り

骨格的な防災軸（防災環境軸）として、延焼遮断帯や広域的な避難路としての機能を有する道路（東京都杉並区　環状8号線）

避難路や延焼遮断帯としての機能を有する路線として沿道の不燃化と一体的に整備された道路（東京都荒川区　小台通り西尾久付近）（写真提供：東京都）

では、道路幅員を１５メートルに拡幅するとともに、併せて都市防災不燃化促進事業が実施され、延焼遮断帯としての機能が確保されています。

さらに、全国各地に展開されている「道の駅」に防災機能を付加していくことが考えられます。

２００５年（平成１７年）に新潟県中越地震が発生した際、多くの人が避難のためや道路情報などを求め、道の駅に集まってきました。各道の駅では避難住民を一時的に受け入れ、可能な情報の提供や地元の人々による炊き出しなども行われ、また、災害復旧活動の支援場所としての役割も果たしました。

このようなことから、災害発生時に道路の被災状況や交通情報の提供などに加え、道の駅を道路利用者や被災者の一時的な避難場所、救援物資の仮置き場、復旧活動の支援基地などとして活用していくことが想定され、たとえば、高速道路のインターチェンジ付近で市街地に比較的近いところに位置する道の駅などに防災機能を付加して整備していくことが考えられます。なお、その場合には非常用電源の確保や水道、トイレが被災時にも使用できるように配慮しておくことなどが必要となります。

東北自動車道・佐野藤岡インターチェンジ付近の国道５０号沿いにある「道の駅みかも」では、災害時でも施設を利用することができるよう、水や電源を確保するための貯水槽や非常用電源装置の設置など、防災機能の充実が図られています。災害発生時には、避難場所や物資等の集配拠点、さらには、道路の規制情報や被災状況の情報等を提供する情

非常用電源装置の設置など防災機能が付加された道の駅（栃木県藤岡町　道の駅みかも）
（写真提供：栃木県藤岡町）

報発信拠点、首都圏被災時の支援拠点としての役割を担うものとして期待されています。

防災のみちづくりを進めていくにあたっては、道路自体の防災、震災対策が基本であることは言うまでもありませんが、災害により一つの道路が通行止めになったとしても、被災地への代替ルートが確保されるよう、広域的な道路ネットワークが整備されていることも重要であり、また、地域の防災性を高めていく上で、行政機関に任せきりにするのではなく、地域の人々の主体的な取り組みも大切です。道路が災害に関連して多くの役割を果たしていることを日頃強く感じることはあまりないかもしれませんが、防災の面から身近な道路についてあらためて考えてみることも必要ではないでしょうか。

② 環境にやさしいみちづくり

地球温暖化問題など、国民の環境に対する意識が高まっているなかで、環境にやさしいみちづくりを進めていくことは極めて重要な課題となっており、自然環境との調和や沿道環境対策、そして地球温暖化対策など、幅広い取り組みが求められています。

まず、自然環境と調和したみちづくりにあたっては、地形の改変をできるだけ抑えるとともに貴重な動植物の生息地などを回避するための路線の選定や必要に応じて橋梁やトンネル構造の採用などの工夫を行うことが大切です。またのり面の自然への復元や道路によって分断されないよう動物用の横断通路を設置すること、やむを得ない場合の代償となる貴重動植物の生息環境の整備や植物の移植なども重要です。

沖縄県にある国道58号では、自然環境に配慮した生物にやさしい道づくりが進められています。特にロードキル（野生動物の交通事故死）対策として、オカガニが巣穴のあるマングローブの林などから海に移動する際に、道路上を横断することがないよう、道路下に造られている横断水路にオカガニを誘導するための環境保護型側溝やカニ専用の通路としての「カニさんトンネル」などが整備されており、また、国の天然記念物に指定されているリュウキュウヤマガメが道路に出ないように、高さ27センチメートルのコンクリート製の壁（エコパネル）が道路脇に設置されています。なお、道路上には、運転者に注意を促すための「カメ注意」「カニ注意」やヤンバルクイナの「とび出し注意」といった標識も設置されています。

オカガニをロードキルから守るカニさんトンネル（沖縄県大宜味村喜如嘉　国道58号）

リュウキュウヤマガメが道路に出ないように設置されているエコパネル（沖縄県国頭村奥　国道58号）（写真提供：内閣府沖縄総合事務局北部国道事務所）

ヤンバルクイナの飛び出しに注意させるための標識（沖縄県国頭村奥　国道58号）

沿道環境対策では、遮音壁や環境施設帯などの設置、低騒音舗装（舗装の空隙で音を吸収させるもの）の導入、交通円滑化対策などがあり、また、遮音壁などに塗布した光触媒による窒素酸化物の分解や土壌の中で大気浄化を行う土壌脱硝などの新たな取り組みも始められています。さらに沿道のまちづくりと連携して、背後地に対する遮音上の効用を有する建築物（緩衝建築物）を沿道に整備する道路交通騒音対策も進められており、緩衝建築物の建築費に対する助成制度や税制上の優遇措置も設けられています。

東京都の環状7号線は、幹線道路における道路交通騒音対策などを推進するための「幹線道路の沿道の整備に関する法律」に基づく沿道整備道路に指定されており、その沿道地域において沿道地区計画が策定されています。この沿道地区計画では、沿道に立地する建物が後背地への騒音防止機能等を有するために必要な構造及び形態に関する制限などが定められていますが、沿道地区計画（整備計画）の内容に適合し、背後地に騒音から守るべき住宅がある等の条件を満たす緩衝建築物については、先に述べた助成制度などの適用を受けることができ、環状7号線の沿道では、平成17年度までに共同住宅など191棟の緩衝建築物が建築されてきています。

緩衝建築物として建設された幹線道路沿いのマンション（東京都）

地球温暖化対策としては、自動車交通に関わるものとして、自動車そのものの対策、道路整備などによる交通円滑化対策や自動車交通から公共交通への転換などを行う交通需要マネジメント（TDM）などがありますが、道路空間の活用、工夫などの取り組みも重要となってきており、道路空間を環境改善空間として位置付け、環境改善方策を積極的に導入していくことが必要となっています。

まずは、街路樹など緑化の推進が重要です。樹木の緑は二酸化炭素を吸収するとともに、蒸散作用による大気の冷却効果もあるとされており、道路空間を活用して、市街地における緑のネットワークを形成していくことが考えられます。新たな道路整備に伴う緑化はもちろんのこと、現在、街路樹のあるところでは量的な充実の可能性を、無いところでは植栽の可能性について検討を行うとともに、沿道の敷地などにおける緑化も併せて推進していくことで、公園、緑地とも連携しながら道路ネットワークを軸に、量的にも豊かな緑のネットワークづくりを目指していく必要があります。

また、舗装における工夫も大切であり、ヒートアイランド現象の緩和に向けた取り組みとして、保水性舗装や遮熱性舗装の導入が挙げられます。保水性舗装は保水剤を舗装のなかの空隙に注入し、保水剤に吸収させた雨水などが蒸発する時の気化熱により路面温度を下げるものであり、遮熱性舗装は舗装表面に遮熱剤を塗布し、光を反射させることで舗装の蓄熱量を減少させ路面温度を下げるものとなっています。さらに昔から行われている路面への散水も効果があります。

東京都千代田区永田町の国会議事堂と国会議員会館の間を通る国道２４６号の約３５０メートルの区間では、ヒートアイランド現象を緩和するため、保水性舗装と併せて、地下鉄の湧水を汲み上げ、太陽光・風力発電の電力により路面に散水する試験的な取組みが行われています。通常の舗装区間と比較して、路面温度が約9度下がったとされています。

同じくヒートアイランド対策の一環として「風の道」を確保する取り組みも行われています。これは風の通り道となる

ヒートアイランド対策として実施された中央分離帯に敷設した散水ノズルからの散水実験（東京都千代田区永田町　国道246号）（写真提供：国土交通省関東技術事務所）

道路などの整備や風の通り道となる部分の建物の形態規制などにより、周辺の緑地や海から市街地への風の通り道を確保し、その冷気（涼風）によってヒートアイランド現象を緩和していこうとするもので、道路の持つ通風の機能に着目したものと言えますが、ドイツ南西部のシュツットガルトなどでは、ミクロな気象調査をもとに風の道を計画的に確保する都市づくりが進められています。

さらに、道路照明など道路で使用するエネルギーを道路空間内などで得られる自然エネルギー（太陽光発電や風力発電など）で賄うといった取り組みも、今後進めていく必要があります。

福島県内の国道４９号では自然エネルギーを利用した道路消融雪システムが導入されています。郡山市と猪苗代町の境界に位置する中山トンネルでは、冬季はもとより年間を通じて風が強いことを利用して、トンネル坑口付近の舗装内部に埋設された電熱線に、風力発電による電気を供給し、路面融雪が行われています。なお、この電力はトンネル内の換気設備や照明設備などにも利用され、余剰電力は電力会社に売電されています。また、名倉山スノーシェッド付近では猪苗代湖の湖水熱を、会津若松市内の歩道や七折峠などでは地中熱を利用した消融雪システムが導入されています。

ロードヒーティング等のための電力を供給する風力発電施設と中山トンネル（福島県猪苗代町　国道49号中山峠付近）（写真提供：国土交通省郡山国道事務所）

(2) 道路空間整備により地域を再生する

① 地域を育てるみちづくり

道路は人と人、地域と地域を結ぶものであり、様々な交流、連携を育む基盤であるともいえます。

このような道路を軸に、各地域に共通するテーマをもとに広域的に連携し、地域づくりを進めていくことは地域の活性化などの観点から意義のあることといえます。たとえば、美しい自然景観をテーマとして、すぐれた景観資源を有機的に連携させながら、景観資源周辺の環境整備や道路の景観整備を行うといった、そのテーマにふさわしいみちづくり、まちづくりを進めていくことで、各地域の魅力も相乗的に高まり、全体の活性化にも繋がっていくものと考えられます。同様に、共通する歴史や文化、あるいは産業をテーマとすることなど多様なテーマが考えられますが、行政機関だけではなく、地域の人々の主体的な取り組みがあってこそ、実のある地域間の交流、連携が生まれ、活性化も図られることになります。

東海道制定400年を機に、国や沿道の自治体などの広域的な連携、協力により、東海道を中心に道と人、道とまちの関係を再発見し、情報発信や歴史的資源の保存、活用を通じて、豊かなみちづくり・まちづくりを進めていこうとする「東海道ルネッサンス事業」が行われました。

現道（国道１号）及び旧道の各所において、東海道ウォーク

東海道ルネッサンス事業の一環として松並木の保存と併せて整備された歩道（浜松市　県道中野子安線薬師町松並木付近）（写真提供：静岡県）

やシンポジウム等のイベントの開催、案内標識の設置、松並木の保存と併せた歩道の整備などが行われています。現在県道となっている、浜松市内を通る東海道では、東海道ルネッサンス事業の一環として、松並木の保存とともに、当時を思わせる歩道デザインが行われています。

長野県の西南部に位置する木曽地域は、美しい自然景観と中山道を中心とする歴史的資源に恵まれた地域ですが、道程がわかりにくいことや乱立する野立て看板等が後背の森林景観を阻害しているなどの課題が生じていました。こうしたことから木曽地域の町村が広域的に連携し、統一的で連続性のある案内情報などの提供を行う「木曽広域公共サイン整備事業」が平成9年度から進められています。木曽らしさを演出する案内標識や誘導看板などを整備するとともに、乱立していた野立て看板を一つにまとめる工夫などを行うことによって、目的地までの円滑な誘導や良好な沿道景観の形成などが図られ、観光地木曽のイメージの向上、地域の活性化に繋がることが期待されています。

統一されたデザインで複数の施設案内を一つに取りまとめて設置されている案内板（長野県木曽町　主要地方道開田三竹福島線）（写真提供：木曽広域連合）

さらに近年、北海道において自動車による観光が中心となっている地域特性を活かして、道路を軸に美しい景観づくり、活力のある地域づくり、魅力ある観光空間づくりを目指す「シーニックバイウェィ北海道」という活動が行われています。２００６年（平成１８年）現在「支笏洞爺ニセコルート」をはじめ6ルートが指定され、各ルートでは地域住民と行政が連携、協力し沿道の緑化や清掃活動、展望場所の整備、バスツアーの開催やイベント情報の提供などが行われていますが、こうした活動によって生まれる地域への愛着の高まり、地域産業の振興などの効果も期待されています。

このシーニックバイウェイは、アメリカにおいて、景観の維持・充実、旅行者への体験学習の場の提供、地域の活性化を目的として１９９０年代に制定された制度で、道路を中心とした景観整備や自然環境の保全など、住民、行政、ＮＰＯ等が一体となった取組みが行われています。我が国においても、全国的な取り組みとするべく、地域が主体となり、地域固有の景観、自然等の資源を有効に活用し、訪れる人と迎える地域の交流による地域コミュニティの再生に資する美しい道路空間の形成を目指した「日本風景街道（シーニック・バイウェイ・ジャパン）」プロジェクトが、２００６年（平成１８年）より国土交通省において進められています。

羊蹄山を一望できる牧草地に設けられた展望施設「シーニックデッキ くっちゃん in 北４線」 期間限定でシーニックカフェも営業している（北海道倶知安町　町道北４線沿い（支笏洞爺ニセコルート））

美瑛岳を望み、約４キロメートルに渡り、両側に白樺林が続く白樺街道（北海道美瑛町　道道十勝岳温泉美瑛線（大雪・富良野ルート））

（写真提供：シーニックバイウェイ支援センター）

② 都市再生のみちづくり

道路は、まちの骨格となり街区を形成するなど、まちを育て、まちの構造を変えていく機能も有しており、まちづくりにおいては道路整備を有効に活用していくことが大切です。

特に近年、中心市街地の活性化など都市の再生が重要な課題となっており、賑わいの創出や魅力の向上あるいは交通機能の強化などが求められていますが、このような場合、新たな道路の整備だけでなく、道路（構造）の再構築により都市空間の整備を行うことが都市再生に向けての有効な手段の一つとなることがあります。たとえば、中心市街地において高速道路などによる市街地の分断の解消や景観の改善等が課題となっている場合に、道路を地下化し、その地上空間を都市の再生のために活用していく方法があり、快適な歩行者空間や公園・緑地の整備、あるいは賑わい創出のための施設整備などを行っていくことが考えられます。

アメリカ・ボストンでは、都心部における高架の高速道路（I-93号線の約2・4キロメートルの区間）について、これまでの6車線から8～10車線に拡幅するとともに地下化するための工事が1991年（平成3年）から進められてきました。これは、高速道路の老朽化や慢性的な渋滞の発生、高速道路による都心部と臨海部の分断などの問題を解決するために実施されたもので大規模なトンネル工事を行うことから、「The Big Dig（巨大な穴掘り）」の愛称で呼ばれています。2005年（平成17年）には高速道路の拡幅及び地下化が完了し、その地上部は、公園、緑地や街路などとして整備が進められています。

また、ドイツ・ルール地方の中心都市であるデュッセルドルフでは、ライン河岸を市民の憩いの場に取り戻すために、ライン川と市街地を分断していた連邦道路を地下化し、その上部を散策路（ライン河岸プロムナード）として整備しています。

最近、我が国においても歴史的価値のある東京都中央区の日本橋（重要文化財）周辺の景観の改善や日本橋川の浄化などと併せたまちづくりを進めていくために、日本橋川上空の首都高速道路を地下化するなど移設してはどうかといった議論が行われています。

投資効果についての十分な検討も必要となりますが、まちづくりに大きなインパクトを与える道路の整備、改善を先導的な事業（リーディング・プロジェクト）として、都市再生に積極的に取り組んでいくことも重要ではないでしょうか。道路整備を機軸に都市再生が進んでいくことが期待されます。

（地下化前）

（地下化後）

交通渋滞の解消や都市再生のために地下化された高架の高速道路と公園、緑地や街路などの整備が進められている上部空間（アメリカ・ボストン　高速道路 I -93号線）

（写真提供：Massachusetts Turnpike Authority）

(3) 時とともに成長する道路空間をつくる

新たに整備された道路は、きれいでまた機能を十分に発揮できる状態にありますが、時間の経過とともに汚れたり、痛んだり、また機能が低下していくこともあるなど、老朽化していくことは避けられません。もちろん必要な補修や改築などが行われますが、そうした経過のなかで、道路の魅力が失われていくようなことがなく、むしろ逆に、時とともに熟成の趣を見せ、魅力が増していくような道路にしていきたいものです。

人と道路は同じではありませんが、人は年とともに成長し、様々な人生経験などが滲み出した美しさは年とともに増していくともいえます。

（地下化前）

（地下化後）

ライン河岸を市民の憩いの場として取り戻すために地下化された幹線道路と河岸プロムナードとして整備された上部空間（ドイツ・デュッセルドルフ連邦道路 B1 号線）（写真：ドイツ連邦共和国交通省資料より）

時とともに魅力を増すものとしていくためには、道路がその地域に馴染んでいくよう、当初から地域の特性を活かした質の高い道路空間としてしつらえていくことが重要です。たとえば街路樹の樹種、舗装の素材などに、地場の産品や地域の人々に親しまれるものを選定していくことや街路樹が自然と根を張れ、枝も伸びていくことができるような環境を確保することなども大切ではないでしょうか。そして、街路樹が時とともに豊かな緑に成長し、舗装も自然の力で磨かれ、全体として風格のある空間となっていきます。もちろん地域の人々による道路を守り育てる取り組みも大切であり、人と自然という地域の力で道路は育っていくのです。

仙台市にある定禅寺通は、１９４６年（昭和２１年）に戦災復興土地区画整理事業の一環として、中央部に幅１２メートルの緑地帯と遊歩道を有する幅員４６メートルの道路として整備が始められました。そして、１９５８年（昭和３３年）に植えられたケヤキは、約５０年の時を経て素晴らしい並木のトンネルを形成し、都市に潤いや安らぎを与えるとともに、杜の都・仙台を象徴する通りを形づくっています。

なお、仙台市では定禅寺通のケヤキを保存樹林に指定し、その保全に取り組んでいます。

ケヤキが植えられる前の定禅寺通（昭和 20 年代）（写真提供：仙台市戦災復興記念館）

時とともに豊かな緑が形成されてきた定禅寺通（平成 16 年）（写真提供：仙台市）

（仙台市青葉区国分町３丁目１番地先付近）

また、道路の基本的な役割は変わらないにしても、場合によってはその姿を変えながら、時代の要求に応えていくことも成長する道路といえ、私たちの生活をより豊かに、そして、持続可能なものとしていくための道路の使い方が問われているともいえます。

近年は道路の再構築として、たとえば車道を縮小して歩道や自転車道を整備するといったことも行われてきており、また、人口の増加や技術の進展につれて道路は、市街地の環境空間としての役割を担うとともにライフラインや地下鉄、モノレールなどの交通機関の収容空間ともなってきました。道路そのものの使い方に加え、道路の上下の空間や沿道の空間も含めた道路空間において、これまでに述べてきたような様々な使い方など、その時代が求めている道路の使い方ができるように取り組んでいくことが大切ではないでしょうか。

現在は自動車が主要な交通手段になっていますが、時代が進めば異なった交通手段が登場するかもしれません。人が歩くということは変わらないとしても、そのときには、またそのときの使い方があり、人の変化、社会の変化に対応した使い方ができる、あるいは使い方となっていく道路であることが成長する道路となるのではないでしょうか。人や地域の知恵によっても道路は育っていくのです。

これまで述べてきたように、人や地域によって道路は育てられ、また道路空間の利活用を通じ、道路によって人や地域が育てられることになりますが、道路・人・地域の連携、調和のもとで、持続可能で豊かな社会が形成されるみちづくりが進められることが期待されます。

第６章　参考文献

①道路構造令の解説と運用：(社)日本道路協会、２００４

②防災都市づくり推進計画：東京都都市計画局都市防災部防災都市づくり推進課、２００４

③２００５国土交通行政ハンドブック：国土交通政策研究会編著、大成出版社、２００５

④エコロードの整備に関する記述：内閣府沖縄総合事務局北部国道事務所
HP（http://www.dc.ogb.go.jp/hokkoku/works/eco/index.html）より

⑤沿道整備事業のご案内：東京都

⑥保水性舗装への散水と路面温度に関する記述：国土交通省関東技術事務所
HP（http://www.ktr.mlit.go.jp/kangi/report/20050930.pdf）より

⑦まちづくりキーワード事典　第二版：三船康道＋まちづくりコラボレーション、学芸出版社、２００２

⑧自然エネルギー活用による道路消融雪システム：森田康夫・柴田郁男・福原輝幸・田中雅人、
国土交通省北海道開発局 HP（http://www.hkd.mlit.go.jp/kanribu/chosei/fuyutopia/pdf/2012.pdf）

⑨東海道ルネッサンスに関する記述：国土交通省横浜国道事務所
HP（http://www.ktr.mlit.go.jp/yokohama/tokaido/）より

⑩東海道ルネッサンス事業に関する記述：静岡県土木部
HP（http://doboku.pref.shizuoka.jp/douro/topics/rene/s_rune_top.htm）

⑪木曽広域公共サイン（看板）整備事業に関する記述：木曽広域連合
HP（http://www.kisoji.com/kisokoiki/oshirase/sign/sign_number.html）より

⑫シーニックバイウェィ北海道　〝みち〟からはじまる地域自立：シーニックバイウェイ支援センター編著、

ぎょうせい、２００６
⑬　日本風景街道に関する記述：国土交通省（道路局）HP（http://www.mlit.go.jp/road/）より
⑭　日本橋地域のまちづくりに関する記述：国土交通省東京国道事務所
HP（http://www.ktr.mlit.go.jp/toukoku/09about/saisei/nihonbashi/michikeikan/about/main.htm）より
⑮　日本の道１００選〈新版〉：国土交通省道路局監修・「日本の道１００選」研究会編著、ぎょうせい、２００２

おわりに

道路のつくり方や使い方に、何か物足りなさを感じている人は多いのだろうと思います。その原因のひとつは、これまでの道路整備が良くも悪くも円滑な自動車交通の全国展開を基本的な使命とし、その早期実現のため、道路の機能・役割を、自動車の通路であると特化、単純化して、全国一律の基準で、金太郎飴のように、ほどほどの性能を持った道路を大量に生産してきたことにあると言われるようになってきました。自動車の通路としての道路は確かに合理的、効率的に整備されますが、それだけでよいのかという気持ちを多くの人が持つようになっているのだと思います。

徒歩や自転車を主人公にした道路、都市の貴重な空間としての道路、地域ごと街ごとの特色や個性を反映した道路、自然景観と調和した道路など、多様な観点から、道路の機能・役割を再認識して整備を進めていくことが大切だと思います。

本書では、道路と各専門分野との関わりについて各界の有識者から頂いた講話と全国各地の先進的な取り組みを整理し、多様な観点とはどのようなことかを軸に今後の道路整備のあり方を探ってみました。単なる自動車の通路としての道路を脱却し、個性豊かな道路が多数出現することを期待します。

財団法人　道路空間高度化機構　専務理事　久保田　荘一

事例索引

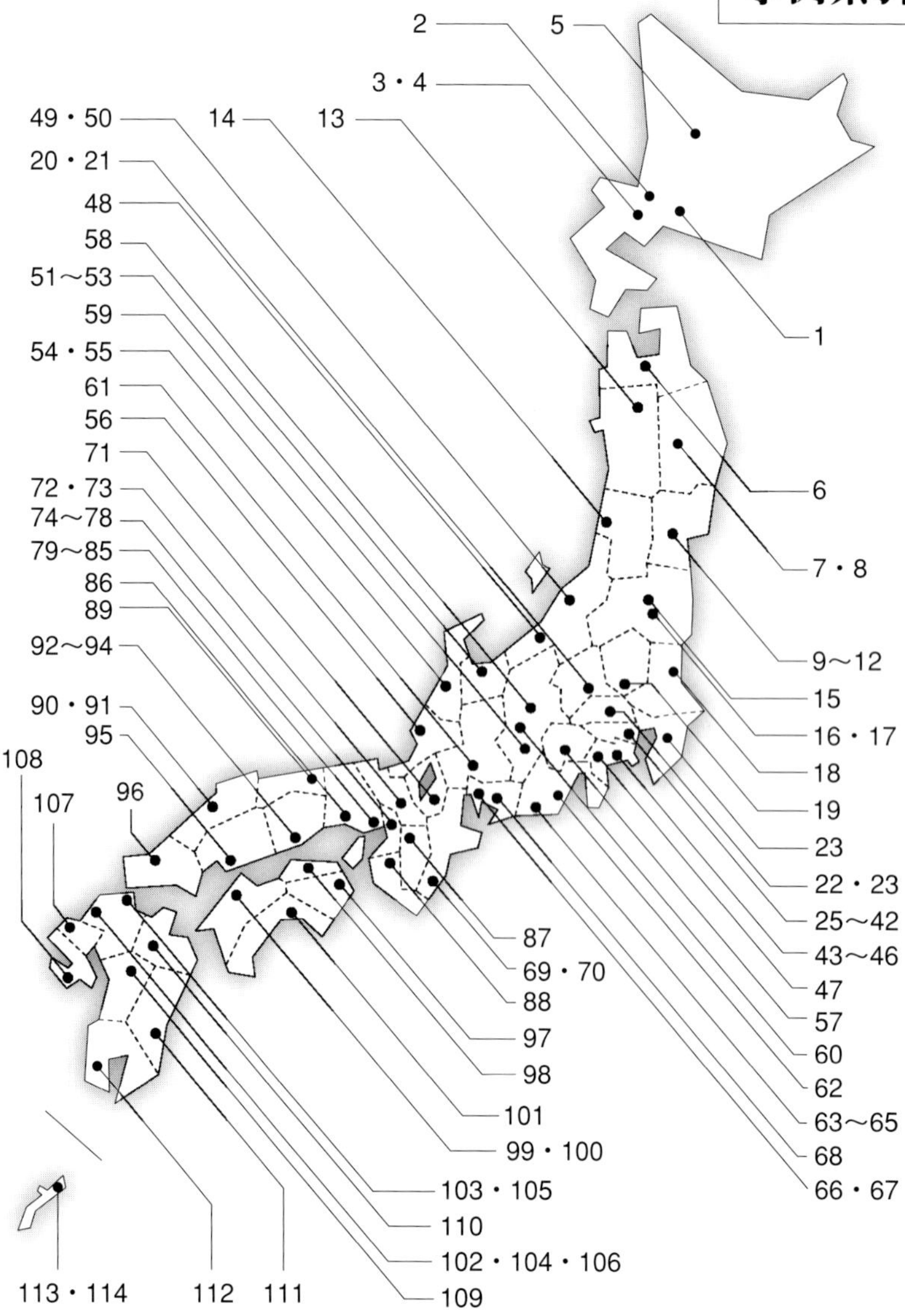

2
5
3・4
49・50
14
13
20・21
48
58
51～53
59
54・55
61
56
71
72・73
74～78
79～85
86
89
92～94
90・91
95
108
107
96
1
6
7・8
9～12
15
16・17
18
19
23
22・23
25～42
43～46
47
57
60
62
63～65
68
66・67
87
69・70
88
97
98
101
99・100
103・105
110
102・104・106
109
113・114
112
111

番号	掲載頁	事例の場所
1	82	北海道千歳市 JR 千歳駅前
2	104	北海道小樽市 都市計画道路臨港線と小樽運河
3	121	北海道ニセコ町 綺羅街道
4	147	北海道倶知安町　町道北 4 線
5	147	北海道美瑛町　道道十勝岳温泉美瑛線
6	31	青森県青森市 国道 4 号
7	98	岩手県盛岡市　市道本宮向中野線
8	127	岩手県盛岡市 大通商店街
9	25	宮城県仙台市青葉区一番町
10	40	宮城県仙台市青葉区 東一番丁通り
11	56	宮城県仙台市 東二番丁通り
12	151	宮城県仙台市 定禅寺通
13	108	秋田県小坂町 明治百年通り
14	120	山形県鶴岡市　国道 112 号下山添
15	144	福島県猪苗代町 国道 49 号 中山峠付近
16	50	福島県郡山市 郡山駅前大通り
17	88	福島県郡山市 郡山駅東地区
18	33	茨城県日立市 よかっぺ通り
19	139	栃木県藤岡町 道の駅みかも
20	27	群馬県前橋市 銀座通り
21	90	群馬県高崎市下小塙町 道の広場バスクル
22	80	埼玉県和光市　東京外かく環状道路と西大和団地
23	108	埼玉県川越市 菓子屋横丁
24	62	千葉県印旛村 千葉ニュータウンいには野
25	21	東京都千代田区 丸の内オアゾ
26	21	東京都品川区 仙台坂上
27	23	東京都世田谷区 用賀プロムナード
28	23	東京都品川区 旗の台地区
29	33	東京都中央区銀座 中央通り
30	46	東京都新宿区神楽坂 かくれんぼ横丁
31	53	東京都目黒区 自由が丘駅周辺地区
32	62	東京都東村山市 富士見町地区
33	63	東京都江戸川区北葛西 行船歩道橋
34	76	東京都国立市 大学通り
35	81	東京都港区 環状 2 号線
36	84	東京都板橋区 首都高速道路 5 号線高架下
37	106	東京都千代田区 行幸通り
38	109	東京都武蔵野市 成蹊学園ケヤキ並木
39	122	東京都港区 汐留地区
40	138	東京都杉並区 環状 8 号線
41	138	東京都荒川区 小台通り西尾久付近
42	143	東京都千代田区永田町 国道 246 号
43	29	神奈川県横浜市中区 日本大通り
44	35	神奈川県横浜市中区 開港広場
45	48	神奈川県横浜市 港北ニュータウン
46	72	神奈川県横浜市中区 元町商店街
47	102	神奈川県箱根町 旧東海道
48	73	新潟県上越市 市道南高田町栄町線

番号	掲載頁	事例の場所
49	125	新潟県新潟市 国道 113 号 長者町交差点付近
50	127	新潟県新潟市 国道 116 号 文京町付近
51	89	富山県富山市岩瀬天神町 富山ライトレール岩瀬浜駅
52	109	富山県南砺市 八日町通り
53	118	富山県富山市 大沢野・富山南道路
54	27	石川県金沢市 横安江町商店街
55	28	石川県金沢市 香林坊地区
56	124	福井県鯖江市 水落駅前駐車場
57	126	山梨県甲府市 市道富士川若松線
58	111	長野県松本市 市道 1530 号線
59	120	長野県飯田市 りんご並木
60	146	長野県木曽町 主要地方道開田三竹福島線
61	52	岐阜県岐阜市 柳ケ瀬地区
62	33	静岡県静岡市葵区 呉服町通り
63	37	静岡県浜松市 シビックコア地区
64	65	静岡県浜松市 遠州鉄道浜北駅前広場
65	145	静岡県浜松市 県道中野子安線薬師町松並木付近
66	35	愛知県名古屋市中区 久屋大通
67	59	愛知県名古屋市中区 伏見通り
68	86	愛知県豊橋市 豊橋駅東口
69	100	三重県御浜町 国道 42 号 下市木付近
70	119	三重県紀北町 国道 42 号
71	95	滋賀県近江八幡市 新町通り
72	47	京都府京都市上京区 紋屋町
73	61	京都府京都市下京区 国道 9 号丹波口付近
74	47	大阪府大阪市中央区 法善寺横丁
75	74	大阪府大阪市北区 オオサカガーデンシティ
76	79	大阪府大阪市北区 阪神高速道路梅田出路
77	80	大阪府大阪市浪速区 阪神高速道路湊町出路と大阪シティエアターミナル
78	96	大阪府大阪市 御堂筋
79	20	兵庫県神戸市兵庫区 都市計画道路松本線
80	60	兵庫県伊丹市 JR 伊丹駅前
81	64	兵庫県神戸市中央区 フラワーロード
82	83	兵庫県神戸市中央区 三宮駅前
83	84	兵庫県川西市小花 2 丁目 阪神高速道路高架下公園
84	87	兵庫県神戸市中央区 三宮駅前バスターミナル
85	90	兵庫県神戸市垂水区 高速舞子バスのりば
86	107	兵庫県姫路市 大手前通り
87	105	奈良県橿原市今井町 市道今井町 7 号線
88	111	和歌山県高野町 県道高野天川線
89	77	鳥取県鳥取市栄町 国道 53 号
90	130	島根県江津市 国道 9 号
91	130	島根県浜田市 国道 9 号
92	55	岡山県岡山市 市道奉還町駅元町 2 号線

みち
ー創り・使い・暮らすー

定価はカバーに表示してあります.

2007年5月30日　1版1刷　発行
2007年6月25日　1版2刷　発行

ISBN978-4-7655-1720-1 C3051

編　者　財団法人　道路空間高度化機構
発行者　長　滋彦
発行所　技報堂出版株式会社
〒101-0051 東京都千代田区神田神保町1-2-5
（和栗ハトヤビル）
電話　営業　(03) (5217) 0885
　　　編集　(03) (5217) 0881
FAX　(03) (5217) 0886
振替口座　00140-4-10
URL：http://gihodobooks.jp/

日本書籍出版協会会員
自然科学書協会会員
工学書協会会員
土木・建築書協会会員

Printed in Japan

装丁　（株）パーレン
印刷・製本　（株）技報堂